汽車電工電子

主編 劉 軍、曾有為、陳 彬

崧燁文化

前言
QIANYAN

　　本書借鑒國際先進的職業教學理念，突出"項目為載體、任務來驅動、活動以實施"的原則，本著"實用、適用、夠用"的編寫思想，結合"通俗、簡要、可操作"的編寫風格，從而著力培養企業要求的、能夠直接從事實際工作並解決具體問題的、具有良好職業素養的汽車製造與檢修高技能型人才。

　　本書取材廣泛、內容難易適中、圖文並茂，符合當前汽車檢修行業發展步伐。學習專案內容由淺入深逐層展開，每個專案選自汽車電工電子中最具代表性的科目。教學內容以任務目標、任務描述、知識準備、任務實施、任務檢測、評價與反饋、教師評估等展開。

　　實際教學中，教師與學生可以充分利用現代化的教學資源，選擇靈活的開放式教學活動和豐富多樣的教學手段，以達到教學目的。學生還可以通過小組討論、現場模擬、案例分析、聲像教學、互動式、敘述式等方法進行教學互動。本書注意知識與技能並重，通過各種形式的技能鑒定方法，使學習者達到能力標準的要求，這充分體現了"以學習者為中心"的現代職業教育思想。同時，各個任務將漸進性鑒定與終結性鑒定相結合，這樣，有利於學習者及時知道自己的學習情況，以提高學習者的學習興趣與自信心，有利於提高教學品質。

　　本書共分7個項目、20個任務，參考學時120學時。

　　本書可以作為中等職業學校汽車類專業教學培訓的師生用書，汽車檢修行業中高級工、技師及相關企業員工的專業培訓教材，汽車愛好者的參考用書。

　　由於編者水準有限，書中不妥之處難免有之，懇請讀者及同行批評、指正。

序言 XUYAN

　　由於汽車產業的快速發展，尤其是現代汽車新技術、新工藝的廣泛應用，對汽車製造和汽車後市場人才的要求越來越高。然而，目前許多中職學校汽車運用與維修專業的辦學軟硬體設施還沒有和市場真正接軌，沒有適合學生的職業發展規律，更沒有結合學校自身的實際情況。最為突出的是在專業教學方面，存在課程體系不合理、教學內容陳舊、教學方法落後等問題，完全不能滿足現代汽車產業崗位職業能力培養的需求。

　　為了更好地滿足中等職業學校汽車類專業的教學要求，體現職業教育特色，促進汽車專業人才的培養，我們一線教師和行業專家在廣泛調研和深入實踐的基礎上，按"項目引領、任務驅動"的最新教學理念編寫了這套中等職業學校汽車類專業教材。本系列教材共計17本，分別為《汽車文化》《汽車維修機械基礎》《汽車維修基本技能》《汽車發動機基礎維修》《汽車底盤基礎維修》《汽車電氣設備構造與維修》《汽車發動機電控系統檢修》《汽車底盤電控技術》《汽車電工電子》《汽車車身電控技術》《汽車故障診斷與排除》《汽車維護與保養》《汽車美容與裝飾》《汽車車身修復》《汽車維修塗裝技術》《汽車評估》《洗車中級技能培訓》。

　　本套教材是以市場人才需求為導向，圍繞學生職業能力培養，結合高職學生職業教育規律進行編寫的。其主要特點如下：

　　1. 根據學生崗位職業和發展，教材體系體現了"寬、專、精"三個不同層面的內涵。提煉、整合了傳統專業基礎課程，拓寬專業基礎知識、技能的實用性，滿足不同崗位的需要；針對不同工種的工作需求，編寫了不同工種的專門化核心專業課程；依據"知識夠用、技能實用"原則，精細打造課程，實現與實際崗位工作任務無縫對接。

2. 專業課程體例是按"任務驅動的'理實一體化'"模式編寫的,體現了以完成工作任務為目的、以應用為中心的職業技能教育特點,實施了"學中做、做中學"的理論與實踐相結合的教學理念。

3. 課程內容滿足專業能力培養的需要。堅持"必需、夠用"的原則,內容嚴謹、容量適宜、難易得當。

4. 結合了汽車行業職業技能考核的要求,注重培養"雙證"技能型人才。

5. 注重學生職業道德與情感的培養,樹立安全和環保的意識。本套教材是在充分調研和深入實踐的情況下,在重慶市多所職業學校和相關高校的一線專業課教師、"雙師型"教師共同參與下研發、編寫而成。這將更能體現其在實際教學中的適用性和地方特色,滿足中職學校汽車運用與維修專業的人才培養要求,從而推動地方職業教育的教學改革,為我國汽車產業發展發揮積極的作用。

目　　录

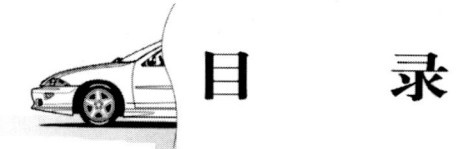

專案一　安全用電 1
　　任務一　安全用電的基本知識 1
　　任務二　觸電現場的搶救 12

項目二　直流電路的認知 20
　　任務一　電路的組成認知及基本物理量的測量 20
　　任務二　歐姆定律的探究實驗 30
　　任務三　簡單直流電路的計算 38

項目三　正弦交流電路的認知 47
　　任務一　認知單相正弦交流電路 47
　　任務二　認知三相正弦交流電路 58
　　任務三　認知電阻、電容、電感 67

項目四　磁電路及車用電磁元件的認知 81
　　任務一　認知磁電路及變壓器 81
　　任務二　認知點火線圈 99

項目五　汽車起動機和交流發電機的認知 105
　　任務一　認知汽車起動機 105
　　任務二　認知交流發電機 113

專案六　類比電路基礎元件的認知 123
　任務一　認知與檢測二極體 123
　任務二　認知與檢測三極管 137
　任務三　二極體、三極管在汽車電路的應用 145

專案七　汽車數位電路的檢測與運用 151
　任務一　基本邏輯門電路的分析與運用 151
　任務二　組合邏輯電路的分析與運用 166
　任務三　觸發器的分析與運用 177
　任務四　時序邏輯電路的分析與運用 186
　任務五　汽車數位轉速表、車速表電路的讀識與測量 196

項目一　安全用電

任務一　安全用電的基本知識

【任務目標】

目標類型	目標要求
知識目標	(1)能瞭解觸電的原因 (2)能知道人體的安全電壓和電流 (3)能識讀安全標誌
技能目標	(1)會電火災的預防 (2)能正確 安全地用電
情感目標	(1)增強安全用電意識 (2)養成良好的用電習慣

【任務描述】

電與我們生產生活息息相關 我們生活在一個離不開電的世界裡 電給我們帶來便利的同時 如果對它使用不當也能給我們帶來危險和傷害。由於用電不當引起的安全事故給我們帶來了慘痛的教訓 我們身邊的生活 學習場所是否存在安全隱患 我們平日的用電習慣真的安全嗎？下面就讓我們來學習如何安全用電。

【知識準備】

一 觸電與安全電壓

人體是導體 當人體觸及或者靠近帶電體時 有一定電流通過人體 引起傷害 這就是觸電。

想一想：

(1)用手分別觸摸一節乾電池的正負極為什麼沒有發生觸電事故？
(2)在什麼情況下會發生觸電事故？

(3)觸電會有哪些傷害?

(一)觸電對人體的傷害

觸電對人體的傷害可分為電擊和電傷兩種類型。電擊是指電流通過人體時,破壞人的心臟、神經系統、肺部等的正常工作而造成的傷害。它可能使肌肉抽搐、內部組織損傷,造成發熱、發麻等,甚至引起昏迷、窒息、心臟停止跳動而死亡。大部分觸電死亡事例是由電擊造成的。人體觸及帶電的導線、漏電設備的外殼或其他帶電體,以及由於雷擊或電容放電,都可能導致電擊。

電傷一般是指由於電流的熱效應、化學效應和機械效應對人體外部造成的局部傷害,如電弧傷、電灼傷等。

(二)影響人體對電的承受能力的因素

電流是造成電擊傷害的主要因素,人體對電的承受能力與以下因素有關。

(1)電流的種類和頻率。工頻電流(50 Hz 的交流電流)的危害要大於直流電流。

(2)電流的大小和通電時間的長短。電流越大,通電時間越長越危險。人體對電流的反應見表 1-1-1。

(3)通過人體的電流路徑。電流通過人的腦部和心臟時最為危險。

(4)電壓的高低。電壓越高越危險。

(5)人的身體狀況。

表 1-1-1　人體對電流的反應

電流/mA	交流電	直流電
0.6～1.5	手指開始感覺發麻、刺痛	無感覺
2～3	手指感覺強烈發麻、刺痛	無感覺
5～7	手指感覺肌肉痙攣	感到灼熱和刺痛
8～10	手指關節與手掌感覺痛,手已難於脫離電源,但仍能脫離電源	灼熱增加
20～25	手指感覺劇痛,迅速麻痹,不能擺脫電源,呼吸困難	灼熱感更強,手的肌肉開始痙攣
50～80	呼吸麻痹,心室開始震顫	強烈灼痛,手的肌肉痙攣,呼吸困難
90～100	呼吸麻痹,持續 3 s 或更長時間後心臟停搏	呼吸麻痹
500 以上	延續 1 s 以上有死亡危險	呼吸麻痹、心室震顫、停止跳動

注:表中電流區間只是選取部分列舉,以示說明。

(三)觸電種類

人體觸電的方式主要有單相觸電、兩相觸電、跨步電壓觸電和電弧觸電等,此處著重介紹前三種觸電方式。

1.單相觸電

單個相線之間的觸電,當人體直接或者間接接觸一根相線(火線),電流通過人體到零線或到地的觸電方式,如圖 1-1-1 所示。

圖 1-1-1　單相觸電

2. 兩相觸電

人體同時接觸兩根相線的觸電方式,如圖 1-1-2 所示。

圖 1-1-2　兩相觸電

3. 跨步電壓觸電

在高壓線接觸的地面附近,產生了環形的電場。人踩到電壓不同的兩點時引起的觸電,如圖 1-1-3 所示。

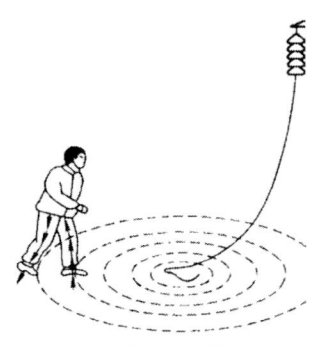

圖 1-1-3　跨步電壓觸電

(四)安全電壓

安全電壓額定值的等級為42 V、36 V、24 V、12 V和6 V，應根據作業場所、操作員條件、使用方式、供電方式、線路狀況等因素選用。凡手提照明燈、危險環境和特別危險環境的攜帶式電動工具，一般採用42 V或36 V安全電壓；凡金屬容器內、隧道內、礦井內等工作地點狹窄、行動不便，以及周圍有大面積接地導體的環境，應採用24 V或12 V安全電壓，除上述條件外，特別潮濕的環境採用6 V安全電壓。

通常情況下，不高於36 V的電壓對人是安全的，稱為安全電壓。

想一想：

鳥兒落在電線上為什麼不會觸電？如圖 1-1-4 所示。

圖 1-1-4　小鳥站在電線上

二、防止觸電的技術措施

(一)絕緣

絕緣指的是用絕緣材料把帶電體封閉起來。瓷、玻璃、雲母、橡膠、木材、膠木、塑膠、布、紙和礦物油等都是常用的絕緣材料。

應當注意，很多絕緣材料受潮後或在強電場作用下會遭到破壞，喪失絕緣性能。

(二)屏護

屏護是採用遮攔、護罩、護蓋、箱匣等把帶電體同外界隔絕開來，是用來防止直接觸電的措施。例如，鐵殼開關、磁力起動器、電動機的金屬外殼，在公共場所的變配電裝置都要設遮攔作為屏護。

電器開關的可動部分一般不能使用絕緣，而需要屏護。高壓設備不論是否有絕緣，均應採取屏護。

(三)間距

間距是保證人體與帶電體之間的安全距離，防止人體無意地接觸或過分接近帶電體。安全距離的大小由電壓的高低決定，見表 1-1-2。

間距除用來防止觸及或過分接近帶電體外，還能起到防止火災、防止混線、方便操作的作用。在低壓工作中，最小檢修距離不應小於 0.1 m。

表 1-1-2　人體與帶電體間的最小距離

電壓等級/kV	安全距離/m	
	無遮攔	有遮攔
1 及以下	0.10	—
10	0.70	0.35
35	1.00	0.60
110	1.50	1.50
220	3.00	3.00

(四)接地

如果電氣設備外殼採用了接地,人體接觸到帶電外殼時,接地電阻與人體電阻呈並聯關系,由於人體電阻遠大於接地電阻,所以通過人體的電流很小,避免了觸電危險。

三、電火災

城市裡用電引起的火災已經成為火災的主要原因之一。電火災的原因主要有:短路引起的電火災、超載引起的電火災、接觸不良引起的電火災、假冒偽劣產品引起的電火災、雷電引起的電火災等。

(一)短路引起的火災

短路是電氣設備最嚴重的事故之一。根據焦耳定律($Q = I^2Rt$)可看出,發熱量(Q)與電流的平方(I^2)成正比,也就是說,當短路發生後電流將成倍數上升,瞬間將在導線上產生大量的熱量,最終引起線路絕緣材料起火,引燃附近的可燃易燃物,從而造成電火災。

預防短路事故的措施:(1)嚴格檢查線路敷設是否符合規範要求,如電纜(線)的選型、漏電保護器及熔斷器的規格型號是否正確;(2)定期測量線路的絕緣電阻值,如測得數值低於規範要求的最低標準值,應儘快修復,直至絕緣電阻值合格為止。

(二)超載引起的電火災

所謂超載是指電氣設備或導線的功率和電流超過了其額定值。電氣設備或導線超載後發生過熱現象,引燃自身和周圍物體。

預防導線超載的措施:(1)嚴格按設計標準及規範要求施工,發現過熱或異味應及時采取降低負荷及停電措施;(2)嚴格照設備容量來選擇導線,自動空氣開關動作整定電流選定為 1.5 倍額定電流;(3)每一回路不允許帶過多的用電設備。

(三)接觸不良引起的火災

如果是開關插座接觸不良,就會燒毀開關插座;如果是電線接頭接觸不良,就會導致電線起火;如果是電器本身接觸不良,就會燒壞電器。

預防措施:(1)發現接頭處過熱或有異味要立即停電處理,對接頭處產生的不良導體氧化膜要及時清除;(2)新使用的電氣設備或在震動環境下使用的電氣設備,要注意檢查其電接觸的緊固件的緊固是否牢靠。

【任務實施】

一 操作名稱

汽車實訓工廠安全用電檢查。

二 器材(場地)準備

實訓工廠。

三 操作步驟

1. 檢查不安全的用電行為

(1)是否使用了絕緣層已經損壞的電器,如圖1-1-9所示。

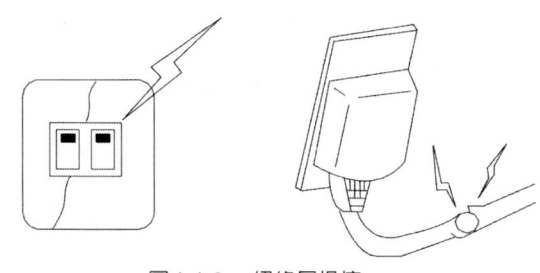

圖1-1-9 絕緣層損壞

(2)是否有私拉亂接的情況。
(3)插座上是否接了功率過大的電器,如圖1-1-10所示。

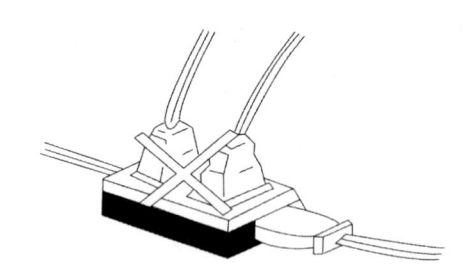

圖1-1-10 插座上接多個大功率電器

(4)檢查使用手持電動工具的安全行為。
(5)使用移動手持電動工具時要先斷電,嚴禁以拽拉電纜的方式移動工具。
(6)電氣設備異常檢查時,要先切斷電源才能詳細檢查。

想一想:

(1)如遇發生電器火災,第一步做什麼?
(2)電器火災不能用水滅火,為什麼?

2.試電

試電筆試電 正確使用試電筆判斷相線 如圖 1-1-11 所示。

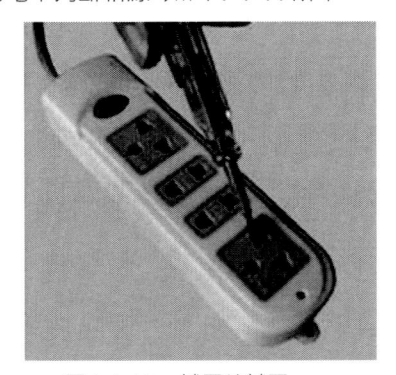

圖 1-1-11　試電筆試電

【任務拓展】

一 滅火器及使用

(一)滅火器的外形 分類

常見的滅火器主要有泡沫滅火器 、二氧化碳滅火器 、乾粉滅火器 、1211 滅火器和水基滅火器 其外形如圖 1-1-5 所示。

泡沫滅火器　　二氧化碳滅火器　　乾粉滅火器　　1211滅火器　　水基滅火器

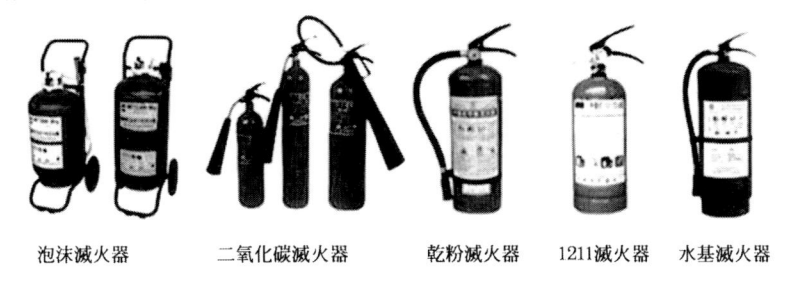

圖 1-1-5　常見滅火器的外形

(二)常見滅火器的使用

此處主要介紹乾粉滅火器 泡沫滅火器和二氧化碳滅火器的使用。

1.乾粉滅火器的使用

將滅火器提到距火源適當位置後 先上下顛倒幾次 使筒內的乾粉鬆動 然後讓噴嘴對准燃燒最猛烈處 拔去保險銷 壓下壓把 滅火劑便會噴出滅火。

2.泡沫滅火器的使用

(1)右手握著壓把 左手托著滅火器底部 輕輕地取下滅火器 右手提著滅火器到現場。右手捂住噴嘴 左手執筒底邊緣 把滅火器顛倒過來呈豎直狀態 用力上下晃動幾下 然後放開噴嘴。

(2)如圖 1-1-6 右手抓筒耳 左手抓筒底邊緣 把噴嘴朝向燃燒區 站在離火源 8 m 的地方噴射 並不斷前進 兜圍著火焰噴射。滅火後 把滅火器臥放在地上 噴嘴朝下。

图 1-1-6　泡沫滅火器的使用

3.二氧化碳滅火器的使用

(1)右手握著壓把，用左手提著滅火器到現場，除掉鉛封，拔掉保險銷。

(2)如圖 1-1-7，站在離火源 2 m 的地方，右手拿著喇叭筒，左手用力壓下壓把，對著火焰根部噴射，並不斷推前，兜圍著火焰噴射。

圖 1-1-7　二氧化碳滅火器的使用

二、安全用電常識

(一)安全用電標識

明確統一的標誌是保證用電安全的一項重要措施。標誌分為顏色標誌和圖形標誌。顏色標誌常用來區分各種不同性質，不同用途的導線，或用來表示某處的安全程度。圖形標誌一般用來告誡人們不要接近有危險的場所。為保證安全用電，必須嚴格按有關標準使用顏色標誌和圖形標誌。我國安全色標採用的標準，基本上與國際標準草案(ISD)相同。一般采用的安全色有以下幾種：

(1)紅色。用來標示禁止，停止和消防，如信號燈，信號旗，機器上的緊急停機按鈕等都是用紅色來表示"禁止"的資訊。

(2)黃色。用來標示注意危險，如"當心觸電""注意安全"等。

(3)綠色。用來標示安全無事，如"在此工作""已接地"等。

(4)藍色。用來標示強制執行,如"必須戴安全帽"等。
(5)黑色。用來標示圖像、文字符號和警告標誌的幾何圖形。部分常見的安全用電標識如圖 1-1-8 所示。

圖 1-1-8　安全標誌

(二)安全用電原則
(1)不靠近高壓帶電體(室外高壓線、變壓器旁),不接觸低壓帶電體。
(2)不用濕手扳開關,插入或拔出插頭。
(3)安裝、檢修電氣設備應穿絕緣鞋,站在絕緣體上,且要切斷電源。
(4)電氣設備安裝要符合技術要求,有金屬外殼的家用電器,外殼一定要可靠接地或接零。
(5)在電路中安裝漏電保護器,並定期檢驗其靈敏度。
(6)雷雨時,不使用收音機、錄影機、電視機,且拔出電源插頭、拔出電視機天線插頭。
(7)嚴禁私拉、亂接電線,禁止學生在寢室使用電爐、"熱得快"等電器。
(8)不在架有電纜、電線的場地放風箏和進行球類活動。

讀一讀:

室內電路順口溜
火線零線並排走,零線直接進燈頭,
火線接到開關上,進了開關進燈頭;
移動電器找插座,左零右火問"上帝",
火線零線要分清,安全用電記在心。

【任務檢測】

一、填空題

1.電流傷害事故可分為＿＿＿＿和電傷。
2.觸電方式主要有＿＿＿＿觸電、兩相觸電、電弧觸電和跨步電壓觸電。
3.電流流經人體的＿＿＿＿和＿＿＿＿是最危險的。
4.決定觸電傷害程度的因素有＿＿＿＿、＿＿＿＿、＿＿＿＿、＿＿＿＿、人體狀況。
5.一般安全電壓指＿＿＿＿V。

二、判斷題

1. 兩相觸電比單相觸電更危險。　　　　　　　　　　　　　　（　）
2. 0.06 A電流很小，不足以致命。　　　　　　　　　　　　　（　）
3. 因為零線比火線安全，所以開關大都安裝在零線上。　　　　（　）
4. 在任何環境下，36 V都是安全電壓。　　　　　　　　　　　（　）
5. 交流電比同等強度的直流電更危險。　　　　　　　　　　　（　）

三、選擇題

1. 下列圖示，三孔插座(正向面對)安裝接線正確的是(　　)。

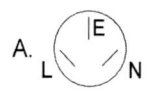

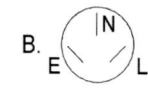

   A. (E上, L左, N右)　B. (N上, E左, L右)　C. (L上, E左, N右)　D. (E上, N左, L右)

2. 在進行檢修工作時，凡一經合閘就可送電到工作地點的斷路器和隔離開關的操作手把上應懸掛(　　)標誌。
   A. 止步，高壓危險！
   B. 禁止合閘，有人工作！　C. 禁止攀登，高壓危險！

3. 電氣滅火在斷電前不可選擇(　　)滅火。
   A. 二氧化碳滅火器　　　　　　B. 泡沫滅火器
   C. 1211滅火器　　　　　　　　D. 乾粉滅火器

4. 下列關於決定觸電傷害程度的因素，描述錯誤的是(　　)。
   A. 與觸電電流的大小、頻率有關
   B. 與觸電時間的長短有關
   C. 與電流通過人體的途徑有關
   D. 與觸電者的年齡和健康狀況無關

5. 在下列電流路徑中，對人體危險性最小的是(　　)。
   A. 左手—前胸　　　　　　　　B. 左手—雙腳
   C. 左腳—右腳　　　　　　　　D. 左手—右手

四、案例分析題

某市電機廠停電整修廠房，並懸掛了"禁止合閘！"的標示牌。但組長甲為移動行車便擅自合閘，此時在扶梯上的乙正在維修電器，引起觸電。當組長甲發現並立即切斷電源時，乙已經從3.4 m高處摔下，經搶救無效於當夜死亡。

根據學過的安全知識，試分析此事故發生的原因有哪些。

【評價與回饋】

序號	考核項目	分值	考核內容	配分	考核標準	得分
1	出勤 紀律	5分	出勤	2分	違規一次不得分	
			行為規範	3分	違規一次不得分	
2	安全 防護、環保	20分	著裝	2分	違規一次不得分	
			個人防護	3分	違規一次不得分	
			"5S" "EHS"	5分	違規一次不得分	
			設備使用安全	5分	違規一次不得分	
			操作安全	5分	違規一次不得分	
3	任務檢測	20分	任務測驗成績	20分	測驗成績的 20%計	
4	技能考核	35分	技能測驗成績	35分	測驗成績的 35%計	
5	學習能力	10分	工藝計畫制訂	4分	未做不得分	
			組內活動情況	5分	酌情扣分	
			資料查閱和收集	1分	未做不得分	
6	任務拓展	10分	知識拓展任務	2分	未做不得分	
			技能拓展任務	8分	未做不得分	
	總分	100分				

【教師評估】

序號	優點	存在問題	解決方案

教師簽字：

【學習後記】

任務二　觸電現場的搶救

【任務目標】

目標類型	目標要求
知識目標	(1)能理解觸電急救的意義 (2)能掌握人工呼吸法的要領 (3)能掌握人工胸外擠壓心臟法的要領
技能目標	(1)會觸電急救的方法 (2)會觸電現場的處理
情感目標	提高運用知識解決問題的能力

【任務描述】

我們生活在一個電的世界裡，如果發生觸電事故，該如何處理？觸電的人員該如何救助？如果處理得當會挽救別人的生命，如果處理不當可能會釀成更大的悲劇。

進行觸電急救是分秒必爭的事，在醫務人員未接替救治前，我們該如何處理？下面就讓我們進入觸電處理的學習。

【知識準備】

一 觸電急救的處理原則

觸電急救指的是對觸電人員實施的現場搶救。人體觸電後，常會出現心臟停搏、呼吸停止、失去知覺的現象。實踐證明，由於電流對人體作用的能量較小，多數情況下不會對內臟器官造成嚴重的器質性損壞，所以這時人不是真正的死亡，而是一種"假死"狀態。如果能夠進行及時、正確的急救，絕大多數觸電者是可以"死"而復生的。

想一想：

如圖 1-2-1 如果有人觸電可以用手直接去拽拉觸電人嗎？

圖1-2-1　錯誤觸電處理措施

(一)迅速脫離(切斷)電源

觸電急救的關鍵就是要迅速脫離(切斷)電源。一方面,通電時間越長,觸電者身體流經的電流越多,對人體的傷害越重;另一方面,從救護人員的安全考慮,除非萬不得已,我們不能帶電搶救,否則可能造成觸電事故的擴大。

脫離(切斷)電源的具體方法,如圖 1-2-2 所示,可用"拉""切""挑""拽""墊"五字來概括。

(1)拉。就近拉開電源開關,使電源斷開。

(2)切。指用帶有可靠絕緣柄的電工鉗、鍬、鎬、刀、斧等利器將電源切斷,切斷時應注意防止帶電導線斷落碰觸周圍人。

(3)挑。如果導線搭落在觸電者身上或壓在身下,可用乾燥的木棒、竹竿將導線挑開。

(4)拽。指救護人戴上手套或在手上包纏乾燥的衣物等絕緣物品拖拽觸電者脫離電源。

(5)墊。指如果觸電人由於痙攣而手指緊握導線或導線繞在身上,這時可先用乾燥的木板或橡膠絕緣墊塞進觸電人身下使其與大地絕緣,隔斷電源的通路。

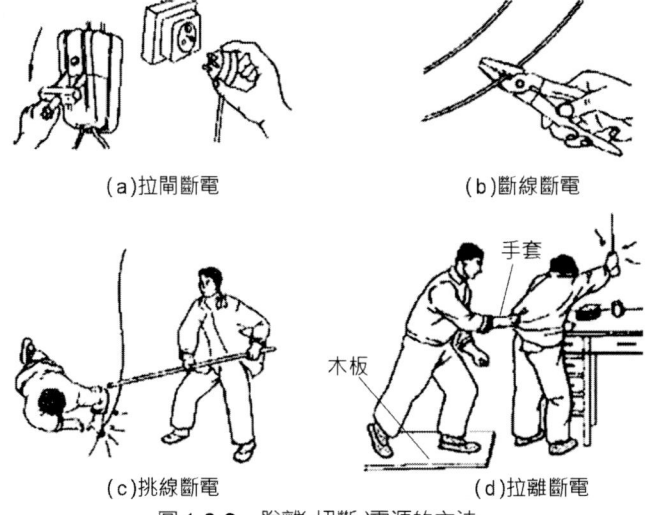

(a)拉閘斷電　　(b)斷線斷電

(c)挑線斷電　　(d)拉離斷電

圖 1-2-2　脫離(切斷)電源的方法

(二)就地正確搶救

觸電者脫離電源後,處於"假死"狀態時,恢復心跳和呼吸是最重要的。時間就是生命,如果只知道送往醫院讓大夫去搶救,就會把最佳搶救時間耽誤在路途上。觸電者心跳和呼吸停止時間越長,大腦細胞壞死速度越快,醫術再高明的醫生也難以恢復了。有資料顯示,從觸電 1 min 開始救治者,90% 有良好效果;從觸電 6 min 開始救治者,10% 有良好效果;從觸電 12 min 開始救治者,救活的可能性很小。因此,要刻不容緩地就地搶救。

(三)堅持到底不中斷

對觸電"假死"者的搶救,一旦開始,就應該持續不斷地進行到底。搶救的結果只有兩個,一個是生還,一個是死亡。但這裡的死亡,指的是真正的死亡,即觸電者身體僵硬,出現屍斑等症狀,經醫生確診的死亡。只要觸電者未出現真正死亡的症狀並被醫生確診(二者缺一不可)·救護者就要盡 100%的努力·繼續搶救。有觸電者經 4 h 或更長時間的人工急救而得救的先例。

二、觸電急救的意義

(一)觸電急救要爭分奪秒

有學者分析了 1000 多例心肺復蘇成功的資料·其中 94%的傷患心臟輪迴驟停時間在 4 min 之內·6%的傷患超過 4 min·均有神經系統的後遺症。據國內不完全資料統計·至少有 30 例以上輪迴驟停超過 8 min 而完全復蘇成功的·其中包括長達 18 min 的病例。也就是說對觸電造成輪迴驟停的傷患·既要爭分奪秒地去進行搶救·又要對搶救充滿信心·要不間斷地進行搶救·直到醫務人員接替為止。

眾所周知·腦組織的體積並不大·但耗氧量很大·成人腦組織的耗氧量占全身耗氧量的 20%~25%·所以缺氧對腦組織細胞的損害很大。而大腦對缺氧的耐受性最差·為 5~8 min·也就是說腦缺氧超過 8 min 可造成不可逆轉的損傷·即使心肺復蘇成功後·腦細胞的損傷也是不可逆的(植物人)。

(二)不能只根據沒有呼吸或脈搏擅自判斷傷患死亡而放棄搶救

確定傷患是否真正死亡(指臨床死亡)·只能靠心電圖確診·所以不能只根據沒有呼吸或脈搏自行判斷傷患死亡而放棄搶救。

三、脫離電源後的現場搶救方法

1. 神志清醒者

伴有乏力·心慌·全身軟弱的輕症傷患·讓其平躺·不要站立和行動·隨後帶其去醫院檢查。

2. 觸電者神智有時清醒·有時昏迷

應靜臥休息·並立即請醫生救治。

3. 神志不清者

使其仰面平躺確保其呼吸道暢通·用 10 s 時間大聲呼叫傷患或輕拍其肩部·以判斷其意識情況·察看傷患呼吸·對刺激的反應和其他循環體征·禁止搖動傷患頭部進行呼叫。

4. 呼吸·心跳情況的判斷

看:看傷患的胸部·腹部有無起伏動作。聽:用耳貼近傷患的口鼻·聽有無氣流聲音·或直接用耳貼在心前區·聽心臟搏動聲。試:用手試傷患的口鼻有無呼吸的氣流·試有無頸動脈搏動。

(1)觸電者無知覺·有呼吸·心跳。在請醫生的同時·應施行人工輔助呼吸。

(2)觸電者呼吸停止·但心跳尚存·應立即施行人工輔助呼吸。

(3)若心跳停止·呼吸尚存·應採取人工胸外擠壓心臟法。

(4)若呼吸及心跳均停止者·則同時應用人工呼吸法和人工胸外擠壓心臟法。

【任務實施】

一、工作準備

演練場地、分組演練、組員角色定位。

二、器材準備

幹木棒、幹木板或者橡膠墊、觸電急救模擬人。

三、操作步驟

發現有人觸電，立即切斷電源，查看傷情，進行神智判斷及處理，呼吸、心跳、脈搏判斷，做人工呼吸或人工胸外擠壓心臟。具體任務實施要領及考核見表1-2-1。

表1-2-1 觸電急救操作要領考核

序號	項目	操作要領	配分	備註
1	斷電源	運用"拉""切""挑""拽""墊"的方法正確切斷電源	10分	操作
2	心肺復蘇的目的	用人工的方法使患者迅速建立有效的輪迴和呼吸，恢復全身血氧供應，促進腦功能的恢復，防止加重腦缺氧	5分	口述
3	判斷病人的方法	(1)意識喪失，呼叫、刺激人中、合穀穴有無反應 (2)呼吸停止，視胸廓有無起伏或棉纖維置口鼻處能否被吹動 (3)心跳停止，觸摸頸動脈、股動脈有無搏動	15分	邊操作邊口述
4	暢通呼吸道	鬆開病人衣扣、褲帶	2分	邊操作邊口述
5		清除口鼻腔分泌物，取下活動的假牙	3分	
6		壓頭抬頦，使頭後仰保持呼吸道通暢	3分	
7	人工呼吸	捏緊病人鼻孔	2分	操作
8		深吸一口氣，雙唇緊貼包嚴患者口部	5分	
9		用力快速向患者口內吹氣，使胸部隆起	5分	
10		吹畢，立即離開口部，鬆開鼻腔，視病人胸部下降後再重新吹氣一口	5分	
11		每次吹氣時間2s，量400～600 mL	5分	

續表

序號	項目	操作要領	配分	備註
12	胸外心臟按壓加人工呼吸	定位：將一隻手的掌根放在心窩稍高一點的地方，中指指尖對準鎖骨間凹陷處邊緣	10分	邊操作邊口述
13		一手掌根緊貼按壓區，另一手掌根重疊於下一手背上，雙手指交叉，並抬起	5分	
14		身體前傾，雙肩在病人正上方，肘關節伸直內收，以身體的重量垂直向下按壓	5分	
15		按壓深度，成人至少 5 cm	5分	
16		迅速除去壓力，使胸骨復原，但手掌不離開胸壁	5分	
17		按壓頻率 100 次/分	5分	
18		吹按壓30次後，至少吹氣兩口後，周而復始，每次按壓前應先定位	5分	
總計得分				

【任務拓展】

一、人工呼吸法

1. 人工呼吸口訣

呼吸停，人缺氧。
鬆領扣，解衣裳。
清理口腔防阻塞，
鼻孔朝天頭後仰。
捏緊鼻孔掰開嘴，
貼嘴吹氣胸擴展。
吹氣量，看對象，
小孩肺小吹少量，
吹兩秒放三秒，
五秒一次最恰當。

2. 操作步驟

(1)先使觸電者仰臥，解開衣領、圍巾、緊身衣服等，除去口腔中的黏液、血液、食物、假牙等雜物。

(2)將觸電者頭部儘量後仰，鼻孔朝天，頸部伸直。救護人一隻手捏緊觸電者的鼻孔，另一隻手掰開觸電者的嘴巴，如圖 1-2-3 所示。

(a)頭部後仰　　　　　　　　(b)捏鼻掰嘴
圖 1-2-3　人工呼吸方法

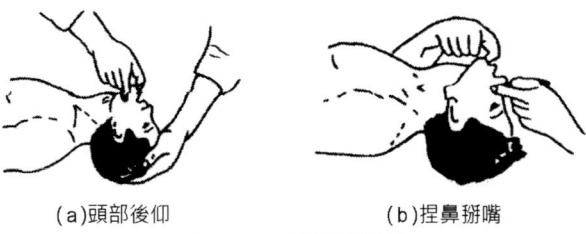

(3)救護人深吸氣後，緊貼著觸電者的嘴巴大口吹氣，使其胸部膨脹；之後救護人換氣，放鬆觸電者的嘴鼻，使其自動呼氣。如此反覆進行，吹氣2 s，放鬆3 s，大約5 s一個輪迴，如圖 1-2-4 所示。

(a)貼緊吹氣　　　　　　　　(b)放鬆換氣
圖 1-2-4　人工呼吸方法

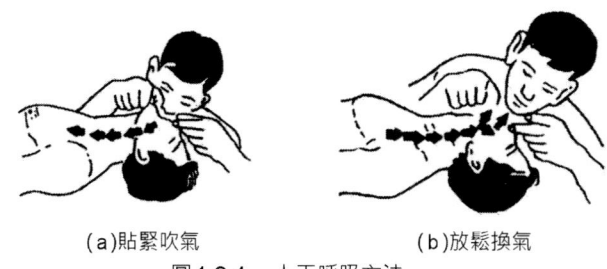

小提示：

吹氣時要捏緊鼻孔，緊貼嘴巴，不能漏氣，放鬆時應能使觸電者自動呼氣，如觸電者牙關緊閉，無法撬開，可採取口對鼻吹氣的方法，對體弱者和兒童吹氣時用力應稍輕，以免肺泡破裂。

二、人工胸外擠壓心臟法

人工胸外擠壓心臟法口訣：掌根下壓不衝擊，突然放鬆手不離；手腕略彎壓一寸，一秒一次較適宜。

操作步驟如圖 1-2-5 所示：

(1)解開觸電人的衣褲，清除口腔內異物，使其胸部能自由擴張。

(2)使觸電人仰臥，姿勢與口對口吹氣法相同，但背部著地處的地面必須牢固。

(3)救護人員位於觸電人一邊，最好是跨跪在觸電人的腰部，將一隻手的掌根放在心窩稍高一點的地方(胸骨中下三分之一部位)，中指指尖對準鎖骨間凹陷處邊緣，另一隻手壓在那只手上，呈兩手交疊狀(對兒童可用一隻手)。

(4)救護人員找到觸電人的正確壓點，自上而下，垂直均衡地用力擠壓，壓出心臟裡面的血液，注意用力適當。

(5)擠壓後，掌根迅速放鬆(但手掌不要離開胸部)，使觸電人胸部自動復原，心臟擴張，血液又回到心臟。

(a)中指對凹膛 　　　　　　　　(b)掌根向下壓

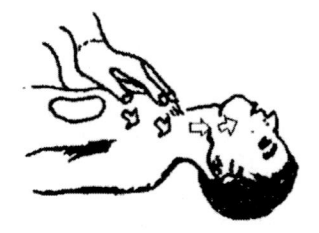

(c)慢壓幫呼氣 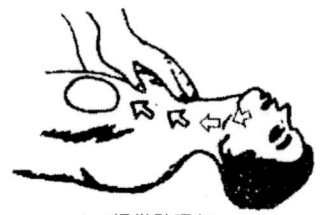　　　　　　　　(d)提掌助吸氣

圖 1-2-5　人工胸外擠壓心臟法

【任務檢測】

一、填空題

1.在處理觸電事故現場時首先要做的事是_____。

2.發現觸電傷患呼吸、心跳停止時，應立即在現場用_____方法就地搶救，以支持呼吸和輪迴。

3.對觸電者進行搶救採用胸外按壓要勻速，以每分鐘按壓_____次為宜。

4.觸電者無知覺，有呼吸、心搏。在請醫生的同時，應實施_____。

5.人體觸電後，常會發生心臟停搏、呼吸停止、失去知覺的現象，從外觀上呈現出死亡的徵象，這時人不是真正的死亡，稱為_____狀態。

二、判斷題

1.心肺復蘇應在現場就地堅持進行，但為了方便也可以隨意移動傷患。（　）

2.觸電急救時，一旦觸電者沒有呼吸和脈搏，即可放棄搶救。（　）

3.如果電流通過觸電者入地，並且觸電者緊握電線，用有絕緣柄的鉗子將電線剪斷時，必須快速一下將電線剪斷。（　）

4.在易爆易燃場所帶電作業，只要注意安全，防止觸電，一般不會有危險。（　）

5.對神志不清的觸電傷患，應將其就地仰面躺平，且確保呼吸道通暢，呼叫傷患或輕拍其肩部，以判斷傷患是否喪失意識。（　）

三、簡答題

1.觸電傷患如意識喪失應怎樣確認傷患呼吸心跳情況？

2.簡述人工呼吸的方法。

3.簡述人工胸外擠壓心臟的方法。

【評價與回饋】

序號	考核項目	分值	考核內容	配分	考核標準	得分
1	出勤 紀律	5分	出勤	2分	違規一次不得分	
			行為規範	3分	違規一次不得分	
2	安全 防護、環保	20分	著裝	2分	違規一次不得分	
			個人防護	3分	違規一次不得分	
			"5S" "EHS"	5分	違規一次不得分	
			設備使用安全	5分	違規一次不得分	
			操作安全	5分	違規一次不得分	
3	任務檢測	20分	任務測驗成績	20分	測驗成績的20%計	
4	技能考核	35分	技能測驗成績	35分	測驗成績的35%計	
5	學習能力	10分	工藝計畫制訂	4分	未做不得分	
			組內活動情況	5分	酌情扣分	
			資料查閱和收集	1分	未做不得分	
6	任務拓展	10分	知識拓展任務	2分	未做不得分	
			技能拓展任務	8分	未做不得分	
	總分	100分				

【教師評估】

序號	優點	存在問題	解決方案

教師簽字：

【學習後記】

項目二　直流電路的認知

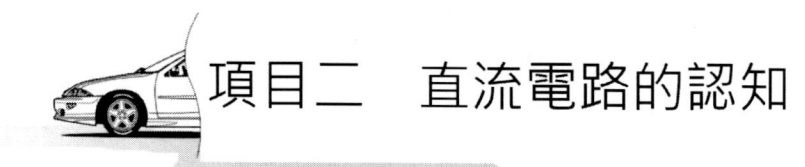

任務一　電路的組成認知及基本物理量的測量

【任務目標】

目標類型	目標要求
知識目標	(1)能識別電源、導線、開關、負載 (2)能知道電源、導線、開關、負載在電路中的作用 (3)能認識電路基本結構及電路符號
技能目標	(1)會測量電壓的方法 (2)會測量電流的方法 (3)會連接簡單電路
情感目標	提高對電學的學習興趣

【任務描述】

汽車裡有各種各樣的電路，每種電路中的元器件有所差異，他們的結構和功能各有不同。要想知道電路元器件的作用和功能，需要從電路的組成和結構入手，認識電路的組成及相關物理量。因此，我們將在下面的內容中認識電路基本組成與符號，以及基本物理量的測量。

【知識準備】

一、電路的組成

(一)電路的含義及作用

電路是指電流流過的路徑，是人們將電氣設備和元器件按照一定方式連接起來實現相應功能的一個整體。例如，我們的手電筒，電流由電池正極流出，經過導線開關和燈泡回到負極，電流流過燈泡使燈泡發光。電路的作用主要分為兩個：電能的傳輸、分配和轉換；電信號的產生、傳遞和處理。

(二)電路的組成

電路通常由電源、負載、控制裝置及導線四部分組成。電路實物圖如圖 2-1-1 所示，電路模型圖如圖 2-1-2 所示，該電路由電源(電池)、負載(小燈泡)、控制裝置(開關)及導線組成。

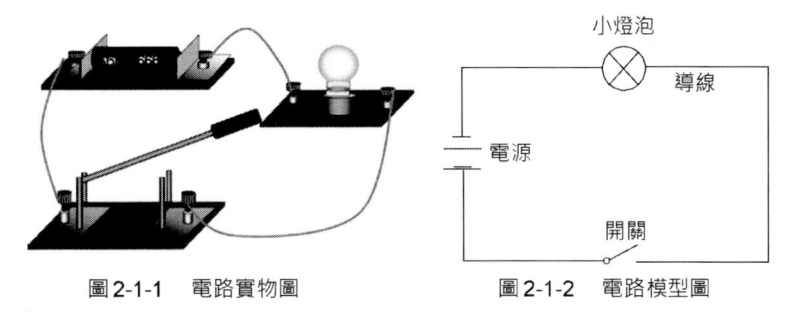

圖 2-1-1　電路實物圖　　　　圖 2-1-2　電路模型圖

1. 電源

電源是提供電能的設備，將其他形式的能量轉換為電能，向負載提供能量。乾電池、蓄電池、發電機等都屬於電源，實物如圖 2-1-3 所示。

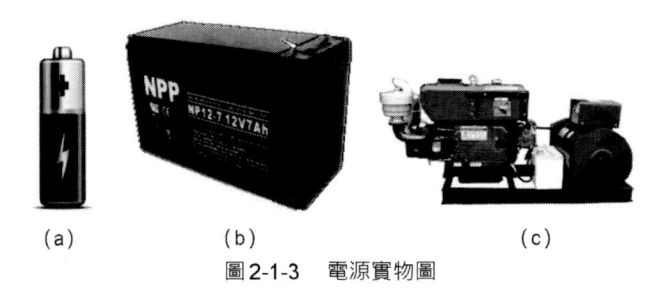

(a)　　　　(b)　　　　　　(c)

圖 2-1-3　電源實物圖

2. 負載

負載是各種用電設備的總稱，它是將電能轉換為其他形式的能量的裝置。例如，汽車燈泡將電能轉換為光能，汽車喇叭將電能轉換成機械震動。

3. 控制裝置

控制裝置是對用電設備進行通斷控制或保護的裝置。例如，閘刀、空氣開關、熔斷器等，實物如圖 2-1-4 所示。

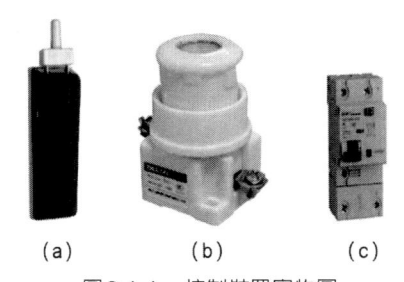

(a)　　　　(b)　　　　(c)

圖 2-1-4　控制裝置實物圖

4. 導線

導線將電源、負載、控制裝置連接起來構成閉合回路，起電能的傳輸和分配作用。一般導線材質有銅和鋁，如圖 2-1-5 所示。

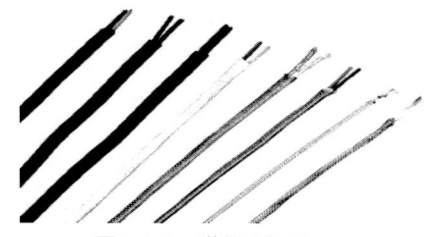

圖 2-1-5　導線實物圖

(三)電路符號

由於實物電路符號繪製難度較大 比較煩瑣 所以將電路實物模型轉換成簡單易懂的電路符號來繪製電路圖 方便我們識讀 分析電路圖 這些特定符號就是常說的電子元件。電子元件是電路最基本的組成部分 常用電子元件和電子設備的電路符號見表 2-1-1。

表 2-1-1　常用電子元件和電子設備的電路符號

名　稱	符　號	名　稱	符　號
開關	─ ／─	發電機	─Ⓖ─
電源	─┤├─	熔斷器	─□─
燈	─⊗─	鐵芯線圈	─▬▬─
電阻	─▭─	電壓表	─Ⓥ─
電位器	─▭─	電流表	─Ⓐ─
電容	─┤├─	接地	⊥ ⊥
電感	─⌒⌒⌒─	交叉連接導線	─┼─

(四)電路的狀態

電路通常分為以下三種狀態 如圖 2-1-6 所示。

1.通路

通路也稱閉路 電路連接是一個閉合回路 有電流流過負載。開關 S 置於"1" 燈泡發 光 電路正常工作。

2.開路

開路也叫作斷路 電路斷開不能構成回路 電路中沒有電流流過負載。開關 S 置於"2" 電路斷開 燈泡不亮。

3.短路

電路中電源兩端或者負載兩端直接被導線連接 電流不經過負載 通過導線流向電源 這種狀態叫作短路狀態。短路時 電流很大 容易損壞電源 在實際中應避免發生短路現象。開關 S 置於"3" 危險 可能損壞電源。

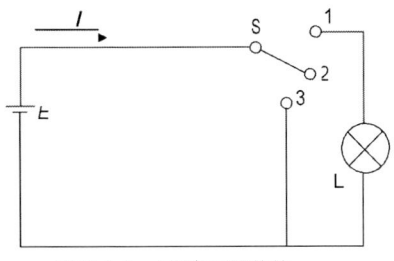

圖 2-1-6　電路三種狀態

二、電路基本物理量及測量

(一)電流

1. 電流的表示

電荷的定向運動形成電流，其大小用電流強度 I 表示，單位是 A(安培)，即單位時間內通過導體某一橫截面的電荷量。實際中要測量電流的大小，通常用電流錶或萬用表的電流擋。

2. 電流單位換算

$$1 \text{ MA}(兆安) = 10^3 \text{ kA}(千安) = 10^6 \text{ A}(安)$$

$$1 \text{ A}(安) = 10^3 \text{ mA}(毫安培) = 10^6 \text{ μA}(微安)$$

3. 電流的方向

電流方向：電流為正值($I > 0$)，表明電流的實際方向與假設的參考方向相同；電流為負值($I < 0$)，表明電流的實際方向與假設的參考方向相反，如圖 2-1-7 所示。

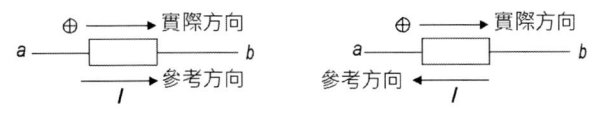

圖 2-1-7　電流方向

(二)電流的測量

1. 電流錶的使用方法

電流錶的實物圖如圖 2-1-8 所示，用符號 —Ⓐ— 表示。電流錶有三個接線柱，兩個正接線柱，一個負接線柱，當"+"接線柱與"0.6"接線柱接入電路時，量程為 0~0.6 A，分度值為 0.02A；當"+"接線柱與"3"接線柱接入電路時，量程為 0~3A，分度值為 0.1A。電流錶在使用前先要調零，檢查電流錶指標是否對準零刻度線，如有偏差，應進行校正。

(1)電流錶必須和被測的用電器串聯。

(2)電流必須從正接線柱流入，從負接線柱流出。

(3)必須正確選擇電流錶的量程。如果不能估計電流大小，可以先用較大量程進行試觸。

(4)不允許把電流錶直接連到電源兩極。

圖2-1-8　電流表實物圖

2. 電流的測量方法

在直流電路中，將電流表串聯在電路中進行測量。測量時選擇合適的量程，將電流表紅色表筆接正極，黑色表筆接負極，測量示意圖如圖2-1-9所示。

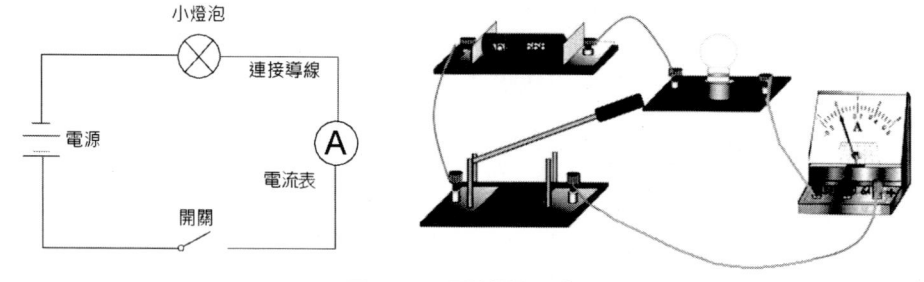

圖2-1-9　電流測量示意圖

(三)電壓

1. 電壓的表示

電壓的單位是"伏特"，簡稱"伏"，用符號"V"表示。河流中的水之所以可以流動，是因為水位有落差，那麼電荷要移動，就必須要有電位差。電路中兩點電位之差，稱為這兩點的電壓。

2. 電位的概念

河流中的水總是從高處流向低處，電路中各點存在電位，電位和水位相似。如果要計算某處水位有多高，需要找一個基準點才能進行計算，這個基準點稱為參考點。如果要計算電路中某點的電位大小，也需要找一個參考點進行計算。參考點可以根據電路情況任意選定，一般選擇大地或公共點作為參考點，參考點的電位規定為0伏，即0V。

3. 電壓單位換算

電壓單位除了"伏(V)"以外還有"千伏(kV)""毫伏(mV)""微伏(μV)"等。他們的換算關係為：

$$1 \text{ kV} = 10^3 \text{ V} = 10^6 \text{ mV} = 10^9 \text{ μV}$$

(四)電壓的測量

1. 電壓表的使用方法

電壓表用符號—Ⓥ—表示。電壓表有三個接線柱，兩個正接線柱，一個負接線柱，當"+"接線柱與"3"接線柱接入電路時，量程為 3 V，分度值為 0.1 V；當"+"接線柱與"15"接線柱接入電路時，量程為15V，分度值為0.5V。

(1)電壓表在使用前，先要調零。檢查電壓表指標是否對準零刻度線，如有偏差，進行校正。

(2)電壓表必須和被測的用電器並聯。

(3)電流必須從正接線柱流入，從負接線柱流出。

(4)必須正確選擇電壓表的量程。如果不能估計電壓大小，可以先用較大量程進行試觸。

(5)允許把電壓表直接連到電源兩極。

2. 電壓的測量方法

在直流電路中，將電壓表並聯在負載兩端進行測量。測量時選擇合適的量程，將電壓表正接線柱接高電位，負接線柱接低電位，測量示意圖如圖 2-1-10 所示。

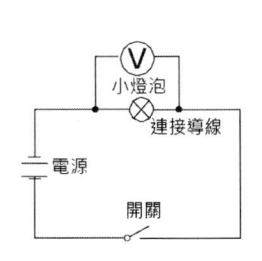

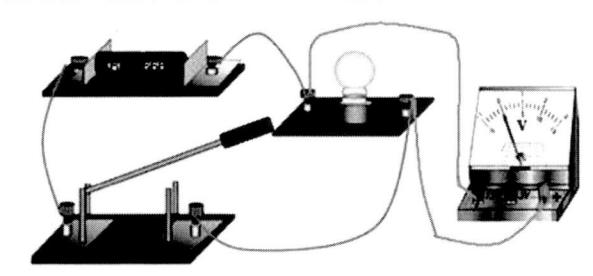

圖 2-1-10　電壓測量示意圖

看一看(如圖 2-1-11)：

電子錶1.5~2μA　　家庭燈泡0.1~0.3 A　　實驗室燈泡 0.2~0.4 A

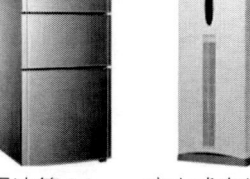

電冰箱1A　　　直立式空調10A　　　　　高壓輸電200A

圖2-1-11　生活中各種大小的電流

【任務實施】

一　器材準備

電壓表、電流錶、電池、開關、導線、小燈泡。

二　電路裝接

按圖2-1-12所示電路圖，利用準備的器材連接電路實物圖，通電驗證電路是否成功，並在表2-1-2中記錄電路中每個元件名稱、功能或作用。電路連接成功後，讀出電流錶和電壓表的數值。

圖2-1-12　任務電路圖

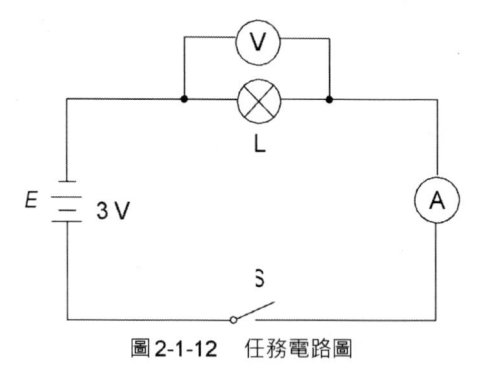

表2-1-2　任務資料記錄

序號	名稱	功能(作用)
電路是否成功		
L兩端電壓		
電路電流		

【任務拓展】

在電路中，電源是電路的重要組成部分，通常用電池作為電子產品的電源。電池有兩個極性，分別為正極和負極。電池主要有標稱電壓和額定容量兩個參數，電池的種類不同，電壓大小、極性標注位置也就不同。常見標稱電壓有 1.2 V、1.5 V、3.7 V、4.2 V、9 V、12 V、15 V 等。額定容量單位用 A/h（安/時）或 mA/h（毫安/時）表示，例如手機鋰電池額定容量為 2000 mA/h，其含義是用 2000 mA 的電流放電，能夠使用一個小時。電池種類繁多，通常分為以下幾種，見表 2-1-3。

表 2-1-3　常見電池種類

種類	外形	特點
乾電池		最常用的電池，電壓值一般為每節 1.5 V，根據體積不同，由大到小依次分為 1、2、5、7 號
疊層電池		電壓較高，常用的有 9 V、15 V 等。通常用于麥克風、萬用表中
紐扣電池		體積小、重量輕、容量較小。輸出電壓有 1.5 V、3 V 等多種，通常用於電子表、電腦等
太陽能電池		太陽能電池是一種環保能源，常用於計算器、家用電器(如電熱水器)的戶外太陽能供電等
鋰電池		可以充電重複使用，電壓主要有 3.7 V、4.2 V、5 V 等，常用於手機等智慧電子產品
蓄電瓶		可以充電重複使用，電壓較高，電壓主要有 12 V、24 V、48 V、100 V 等，常用於電動車、汽車中
充電電池		可以充電重複使用，電壓較低，一般為 1.5 V，常用於照相機、電動刮鬍刀、兒童玩具中

【任務檢測】

一、填空題

1. 電路通常由_____、_____、_____和_____四部分組成。
2. 電路的作用主要分為_____和_____。
3. 電路通常分為_____、_____和_____三種狀態。

二、簡答題

1. 畫出電源、開關、燈泡、電壓表及電流錶的電路符號。

2. 在 1 min 時間內，通過導線的電荷量為 6 C，求這段時間內該導線中通過的電流是多少。

3. 在某電路中，測得 a 點電位為 5 V，b 點電位為-3 V，則 a、b 兩點之間的電壓為多少？

4. 如果測得電路中 d、e 兩點間的電壓為 10 V，且 e 點電位為 2 V，求 d 點的電位。

【評價與回饋】

序號	考核項目	分值	考核內容	配分	考核標準	得分
1	出勤 紀律	5分	出勤	2分	違規一次不得分	
			行為規範	3分	違規一次不得分	
2	安全 防護、環保	20分	著裝	2分	違規一次不得分	
			個人防護	3分	違規一次不得分	
			"5S" "EHS"	5分	違規一次不得分	
			設備使用安全	5分	違規一次不得分	
			操作安全	5分	違規一次不得分	
3	任務檢測	20分	任務測驗成績	20分	測驗成績的20%計	
4	技能考核	35分	技能測驗成績	35分	測驗成績的35%計	
5	學習能力	10分	工藝計畫制訂	4分	未做不得分	
			組內活動情況	5分	酌情扣分	
			資料查閱和收集	1分	未做不得分	
6	任務拓展	10分	知識拓展任務	2分	未做不得分	
			技能拓展任務	8分	未做不得分	
	總分	100分				

【教師評估】

序號	優點	存在問題	解決方案

教師簽字：

【學習後記】

任務二　歐姆定律的探究實驗

【任務目標】

目標類型	目標要求
知識目標	(1)能理解電阻的概念，瞭解導體和絕緣體的特點 (2)能理解歐姆定律的內容 (3)能複述電阻、電壓、電流在純電阻電路中的關係
技能目標	(1)能正確識讀色環電阻，會用萬用表測量電阻 (2)能用歐姆定律計算電路中的電阻、電流、電壓 (3)會用萬用表測量電阻
情感目標	(1)培養持之以恆的品質 (2)提高依據實驗現象分析、歸納問題的能力

【任務描述】

在小燈泡發光電路實驗中，小燈泡兩端有一個電壓值，電流流過小燈泡有一個電流值。在汽車電器工作時，電器兩端有一定的電壓並且有一定值的電流經過電器。在純電阻電路中電壓、電流與電阻之間有什麼關係呢？本任務就讓我們一起來探究電壓、電流、電阻之間的關係，運用它們的關係來計算電路中的基本物理量。

【知識準備】

一、電阻的識別與檢測

(一)電阻的表示

在生活中，可以導電的物體非常多。導體能夠導電，說明導體對電流的阻礙作用比較小，才會有電流經過導體。導體都有電阻，例如：白熾燈、烤火爐、銅芯線等。通常，將導體對電流的阻礙作用稱為導體電阻，用 R 表示，單位為歐姆(Ω)。

導體電阻的大小不僅與導體材料有關，還與導體的長度和橫截面積有關，這種關係叫作電阻定律。即

$$R = \rho L / S$$

上式中，ρ——電阻率，由導體材料決定，單位為歐姆米($\Omega \cdot m$)；L——長度，單位為米(m)；S——橫截面積，單位為平方米(m^2)。

(二)電阻的識別

電阻器主要參數包括標稱阻值、偏差及功率三個，我們通常通過電阻器的參數標注來識別。常見電阻器外形如圖 **2-2-1** 所示。

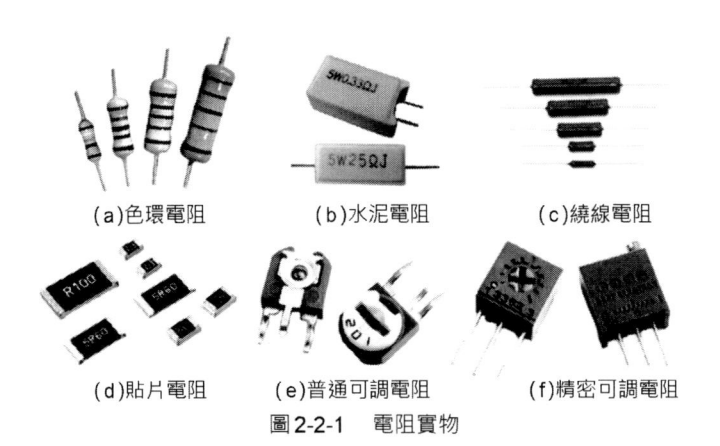

(a)色環電阻　　　(b)水泥電阻　　　(c)繞線電阻

(d)貼片電阻　　(e)普通可調電阻　　(f)精密可調電阻

圖 2-2-1　電阻實物

(三)電阻器參數標注

表 2-2-1　電阻參數標注

標注法	含義	實例及說明
直標注	用數字直接將電阻值、誤差等標注在電阻體上。(用字母表示誤差，F 為±1%、G 為±2%、J 為±5%、K 為±10%、M 為±20%)	510 kΩ±5%、1 W 47 Ω±10% 等。如下圖所示，該電阻參數為 5 W 25 Ω±5%
文字符號法	用數位和字母有規律地組合起來表示電阻器的電阻值和誤差。	5R1K 4K7J 等(分別表示 5.1Ω±5%、4.7 kΩ±10%)
數碼標注法	用三位元數字表示電阻器的阻值，其中前兩位為有效數字，第三位為倍率(即後邊加 0 的個數)，單位為 Ω。	103 表示阻值為 10 kΩ

續表

標注法	含義	實例及說明
色環標注法	在電阻器表面上用色環表示電阻器的參數,分為4環標注法和5環標注法兩種。5環標注法更精密(靠端頭更近的一邊為第1環)。 ①4環標注法:有4道顏色環,前2環為有效數字,第3環為倍率,單位為Ω,第4環為誤差,如圖(a)所示。 ②5環標注法:有5道顏色環,前3環為有效數字,第4環為倍率,第5環為誤差,如圖(b)所示。 (a)四環電阻 (b)五環電阻	顏色代表的數字:黑0棕1紅2橙3黃4綠5藍6紫7灰8白9 4環標注的誤差:金±5%銀±10%; 5環標注的誤差:棕±1%紅綠±0.5% 例1 如下圖所示 電阻參數為 27 kΩ±5% 例2 如下圖所示 電阻參數為 10.5 Ω±2%

二、歐姆定律

1. 歐姆定律定義

在同一電路中,導體中的電流跟導體兩端的電壓成正比,跟導體的電阻成反比,這就是歐姆定律。即公式:

$$I = U/R$$

公式中物理量的單位:I(電流)的單位是安(A),U(電壓)的單位是伏(V),R(電阻)的單位是歐(Ω)。

2. 歐姆定律的公式變形

歐姆定律公式變形可得:$U=I×R$ 或者 $R=U/I$。電壓 U 不變時,通過導體的電流與導體的電阻成反比;電阻 R 不變時,通過導體的電流與加在導體兩端的電壓成正比。

但不能說導體的電阻與其兩端的電壓成正比,與通過其的電流成反比,因為導體的電阻是它本身的一種性質,取決於導體的長度、橫截面積、材料和溫度,即使它兩端沒有電壓,沒有電流通過,它的阻值也是一個定值,永遠不變。

3. 歐姆定律的應用

運用歐姆定律我們可以計算:電

流 $I=U/R$;

電壓 $U=I×R$;

電阻 $R=U/I$。

4. 歐姆定律只適用於線性電路

想一想：

（1）有一導體的電阻是1.5kΩ 加在其兩端的電壓是220V 那麼通過它的電流是多大？

（2）通過電阻值是10Ω電阻的電流是0.5A 那麼它兩端的電壓是多少？

（3）某導體兩端的電壓是2V 通過導體的電流為500mA 此導體的電阻值為多少？如果切斷電源 導體兩端的電壓為零時 導體的電阻為多少？

【任務實施】

一 準備工作

（一）任務電路圖（圖2-2-2）

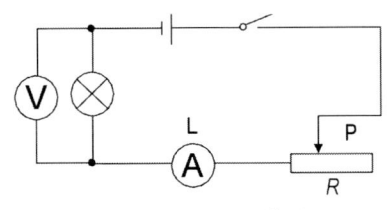

圖2-2-2 任務電路圖

（二）器材清單

表2-2-2 器材清單

名稱	數量
直流電源	1個
變阻器	1個
開關	1個
電阻	1只
燈泡	1個
導線	若干
電壓表	1只
電流表	1只

二、實施步驟

(1)按電路圖連接好電路。閉合開關前應將變阻器的劃片滑到電阻最大值，如圖 2-2-3 所示。

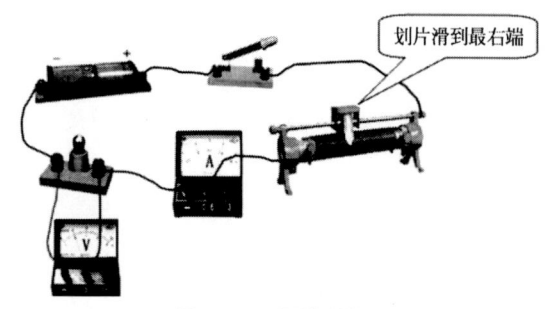

圖 2-2-3　電路實物圖

(2)觀察小燈泡的金屬燈口上標著的額定電壓值，接通電源後通過變阻器把小燈泡兩端的電壓調到額定電壓，使小燈泡正常發光，將此時的電壓表和電流錶的讀數填入表 2-2-3 中。

(3)逐次降低燈泡兩端的電壓，獲得幾組資料，填入表 2-2-3 中。

表 2-2-3　測小燈泡的電阻值

序號	U(V)	I(A)	小燈泡電阻 R(Ω)
1			
2			
3			
4			

想一想，四次測得燈泡電阻值一樣嗎？為什麼？

(4)把電路中小燈泡換成一隻電阻，重複試驗，把所得資料填入表 2-2-4 中。

表 2-2-4　測電阻的電阻值

序號	U(V)	I(A)	R(Ω)	電阻 R Ω 平均值	用萬用表測得 R 值
1					
2					
3					
4					

電阻測量值和計算值相同(接近)嗎？為什麼？

(5)實驗注意事項。

①實驗開始前，開關應處於斷開狀態。

②實驗開始前，滑動變阻器處於電阻最大值。

③認清電壓表、電流錶正負接線柱。

④電壓表、電流錶正確選擇量程。

【任務檢測】

一 選擇題

1. 有一條電阻線，在其兩端加1V電壓時，測得電阻值0.5Ω，如果在其兩端加10V電壓時，其電阻值應為(　　)。

A.0.5Ω　　　　B.5Ω　　　　C.0.05Ω　　　　D.20Ω

2. 導體兩端的電壓是4 V，通過的電流是0.8 A，如果使導體兩端的電壓增加到6 V，那麼導體的電阻和電流分別是(　　)。

A.5Ω、1.2 A　　B.5Ω、2 A　　C.7.5Ω、0.8 A　　D.12.5Ω、0.8 A

3. 如圖2-2-4所示的電路，U=24 V，電流表的示數為1.2 A，電壓表的示數為12 V，則R_1的電阻值為(　　)。

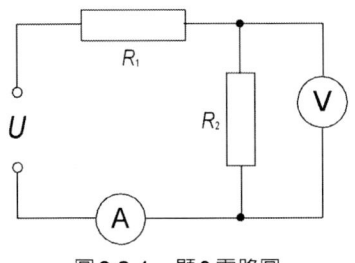

圖2-2-4　題3電路圖

A.8Ω　　　　B.6Ω　　　　C.5Ω　　　　D.10Ω

4. 如圖2-2-5所示的電路接通時，滑動變阻器的滑動觸頭由 a 滑到 b 的過程中(　　)。

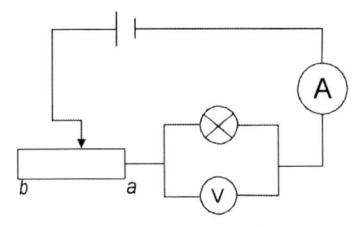

圖2-2-5　題4電路圖

A.電流表和電壓表的示數都變小

B.電流表和電壓表的示數都變大

C.電流表的示數變大，電壓表的示數變小

D.電流表的示數變小，電壓表的示數變大

5. 從歐姆定律可以匯出公式 $R=U/I$，此式說明(　　)。

A.當電壓增大2倍時，電阻R增大2倍

B.當電流增大2倍時，電阻R減小2倍

C.電阻是導體本身的性質，當電壓為零時，電阻阻值不變

D.當電壓為零時，電阻R也為零

二、填空題

1. 在一段導體兩端加2V電壓時，通過它的電流是0.4A，這段導體的電阻是_____Ω；如果在它兩端不加電壓，通過它的電流是_____A，這段導體的電阻是_____Ω。

2. 在如圖2-2-6所示的電路中，電源電壓保持不變，要使電流表的讀數增大，變阻器R的滑片P應向_____端移動，在這過程中電壓表的讀數將_____（填"不變""變小"或"變大"）。

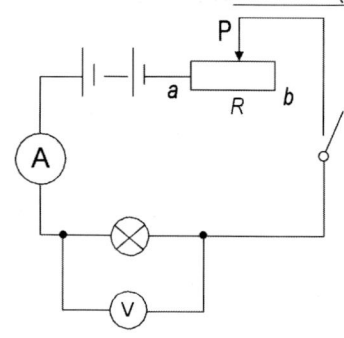

圖2-2-6　題2電路圖

3. 在某導體兩端加6V電壓時，測得通過導體的電流為2A，則在10s內通過導體橫截面的電量是_____，該導體的電阻為_____。如果這個導體兩端不加電壓時，該導體的電阻為_____。

4. 當導體兩端的電壓是10V時，通過的電流強度是0.2A，該導體的電阻為_____Ω；若要使導體中的電流強度是0.5A，則它兩端的電壓是_____V。

三、計算題

在圖2-2-7的電路裡，電壓表的示數是0.3A，如果小燈泡L的電阻是10Ω，整個電路裡的電阻是30Ω。求：

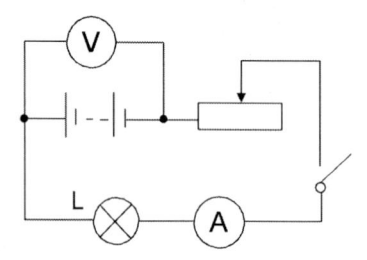

圖2-2-7　計算題電路圖

(1)小燈泡L兩端的電壓；(2)滑動變阻器連入電路中的電阻；(3)電壓表的示數。

【評價與回饋】

序號	考核項目	分值	考核內容	配分	考核標準	得分
1	出勤 紀律	5分	出勤	2分	違規一次不得分	
			行為規範	3分	違規一次不得分	
2	安全 防護、環保	20分	著裝	2分	違規一次不得分	
			個人防護	3分	違規一次不得分	
			"5S" "EHS"	5分	違規一次不得分	
			設備使用安全	5分	違規一次不得分	
			操作安全	5分	違規一次不得分	
3	任務檢測	20分	任務測驗成績	20分	測驗成績的20%計	
4	技能考核	35分	技能測驗成績	35分	測驗成績的35%計	
5	學習能力	10分	工單填寫‧工藝計畫制訂	4分	未做不得分	
			組內活動情況	5分	酌情扣分	
			資料查閱和收集	1分	未做不得分	
6	任務拓展	10分	知識拓展任務	2分	未做不得分	
			技能拓展任務	8分	未做不得分	
	總分	100分				

【教師評估】

序號	優點	存在問題	解決方案

教師簽字：

【學習後記】

任務三　簡單直流電路的計算

【任務目標】

目標類型	目標要求
知識目標	(1)能理解功率的概念，以及功率與電壓電流的關係 (2)能識記電池組串聯、並聯時電壓和電流的特點 (3)會電阻串聯、並聯及混聯等效電阻的計算
技能目標	(1)會利用電池組的串聯、並聯特點和電阻的不同連接方式計算電路中的電壓和電流 (2)會根據電阻的串並聯特性判斷檢測電路故障
情感目標	能養成嚴謹的工作態度

【任務描述】

在日常生活中，有各種各樣功能不同的電路。如果電路不正常工作，我們可以通過電路現象判斷故障或者通過儀錶檢測和計算得出相關結果。例如，我們平時看到的節日裝飾小彩燈如圖 2-3-1，你知道它們是怎麼連接起來的嗎？當電路中的彩燈不能正常工作時，我們又是如何來判斷電路故障呢？本任務學習中，我們需要學會簡單直流電路的連接方式判斷以及電路計算。

(a)實物圖

(b)電路圖

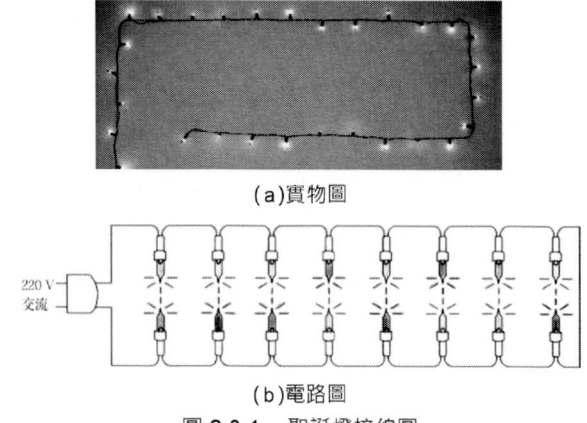

圖 2-3-1　聖誕燈接線圖

【知識準備】

一、功率的基本概念

(一)功率的描述

作為表示消耗電能快慢的物理量，一個用電器功率的大小數值上等於它在 1s 內所消耗的電能。如果在時間 t(單位為 s)內消耗的電能為 W(單位為 J)，那麼這個用電器的電功率就是 $P=W/t$。

(二)功率的公式表示

電功率等於導體兩端電壓與通過導體電流的乘積，即 $P=UI$，單位為瓦(W)。對於純電阻電路，計算電功率還可以用公式 $P=I^2R$ 表示。每個用電器都有一個正常工作的電壓值叫額定電壓，電器在額定電壓下正常工作的功率叫作額定功率，電器在實際電壓下工作的功率叫作實際功率。

(三)單位換算

W——電能，單位為焦耳(J)，1 kW·h=3.6×10⁶ J；

t——時間，單位為秒(s)，1 時(h)=3600 秒(s)；

P——用電器的功率，單位為瓦(W)，1 kW=1000

二、電池組

(一)相同電池的串聯

如圖 2-3-2(a)所示串聯電池組，每個電池的電動勢均為 E，內阻均為 r。如果有 n 個相同的電池相串聯，那麼整個串聯電池組的電動勢與等效內阻分別為：

$$E_{串} = nE \quad r_{串}=nr$$

串聯電池組的電動勢是單個電池電動勢的 n 倍，額定電流相同。

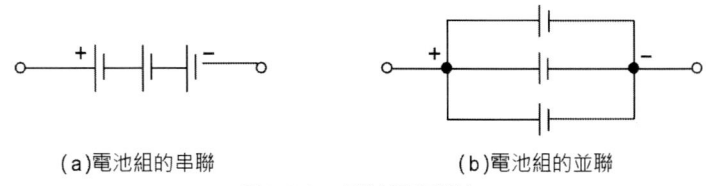

(a)電池組的串聯　　(b)電池組的並聯

圖 2-3-2　電池組的連接

(二)相同電池的並聯

如圖 2-3-2(b)所示並聯電池組，每個電池的電動勢均為 E，內阻均為 r。如果有 n 個相同的電池相並聯，那麼整個並聯電池組的電動勢與等效內阻分別為：

$$E_{並} = E$$
$$1/r_{並}=1/r_1+1/r_2+...+1/r_n$$

並聯電池組的額定電流是單個電池額定電流的 n 倍，電動勢相同。

三、電阻的連接方式

(一)電阻串聯電路

幾個電阻首尾依次連接,組成無分支的電路,這種連接方式叫作電阻串聯。如圖 2-3-3 所示電路為兩個電阻組成的串聯電路及等效電路。電阻串聯電路特點見表 2-3-1。

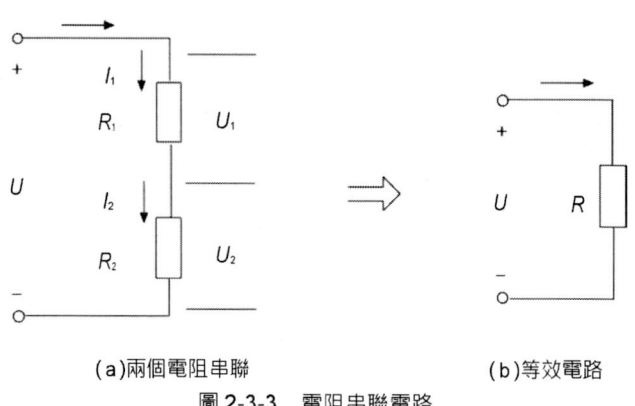

(a)兩個電阻串聯　　　　(b)等效電路

圖 2-3-3　電阻串聯電路

表 2-3-1　電阻串聯電路特點

序號	參數	特點	運算式
1	電流	電路中電流處處相等	$I=I_1=I_2$(多個電阻串聯,則 $I_1=I_2=\ldots=I_n=I$)
2	電壓	總電壓等於各電阻上分電壓之和	$U=U_1+U_2$(多個電阻串聯,則 $U=U_1+U_2+\ldots+U_n$)
3	電阻	總電阻等於各分電阻之和	$R=R_1+R_2$(多個電阻串聯,則 $R=R_1+R_2+\ldots+R_n$)
4	分壓	電阻的阻值越大,分得的電壓越高	電阻串聯的分壓公式為: $U_1=\dfrac{R_1}{R_1+R_2}U$ $U_2=\dfrac{R_2}{R_1+R_2}U$

想一想:

有一盞額定電壓為 $U_1=40\text{ V}$、額定電流為 $I=5\text{ A}$ 的電燈,應該怎樣把它接入電壓 $U=220\text{ V}$ 的照明電路中呢?

解:

將電燈(設電阻為 R_1)與一隻分壓電阻 R_2 串聯後,接在 $U=220\text{ V}$ 電源上,如圖 2-3-4 所示。

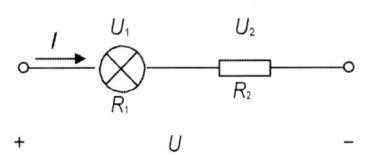

圖 2-3-4　燈泡與電阻串聯

解法一：分壓電阻 R_2 上的電壓為 $U_2=U-U_1=220V-40V=180V$，且 $U_2=R_2I$，則

$$R_2=\frac{U_2}{I}=\frac{180V}{5A}=36\,\Omega$$

解法二：利用兩隻電阻串聯的分壓公式 $U_1=\frac{R_1}{R_1+R_2}U$，且 $R_1=\frac{U_1}{I}=8\,\Omega$，可得

$$R_2=R_1\frac{U-U_1}{U_1}=36\,\Omega$$

即將電燈與一隻 36Ω 分壓電阻串聯後，接入 $U=220V$ 電源上即可。

(二)電阻並聯電路

兩個或兩個以上的電阻並列連接在電路兩點之間，各電阻處於同一電壓下的連接方式，稱為電阻的並聯。如圖 2-3-5 所示電路為兩個電阻組成的並聯電路及等效電路。電阻並聯電路的特點見表 2-3-2。

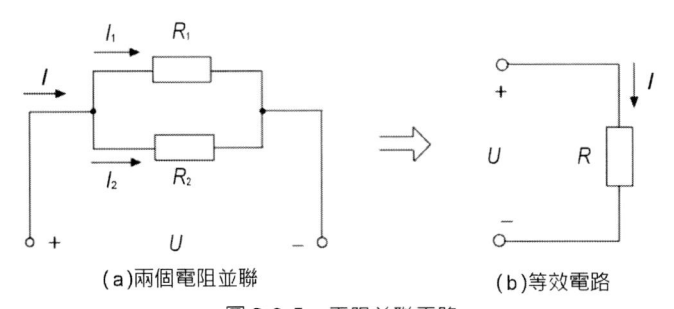

(a)兩個電阻並聯　　(b)等效電路

圖 2-3-5　電阻並聯電路

表 2-3-2　電阻並聯電路特點

序號	參數	特點	運算式
1	電流	並聯電路中總電流等於各支路分電流之和	$I=I_1+I_2$（多個電阻並聯，則 $I=I_1+I_2+...+I_n$）
2	電壓	並聯電路各個電阻上的電壓相等	$U_1=U_2=U$（多個電阻並聯，則 $U_1=U_2=...=U_n=U$）
3	電阻	並聯電路中，總電阻的倒數等於各分電阻的倒數之和	兩個電阻並聯：$\frac{1}{R}=\frac{1}{R_1}+\frac{1}{R_2}$ (即 $R=\frac{R_1R_2}{R_1+R_2}$，若 $R_1=R_2$，則 $R=\frac{R_1}{2}$) 多個電阻並聯，則 $\frac{1}{R}=\frac{1}{R_1}+\frac{1}{R_2}+...+\frac{1}{R_n}$ (若 $R_1=R_2=...=R_n$，則 $R=\frac{R_1}{n}$)

續表

序號	參數	特點	運算式
4	分流	電阻的阻值越大,分得的電流越小	電阻並聯的分流公式: $I_1 = \dfrac{R_2}{R_1+R_2}I$ $I_2 = \dfrac{R_1}{R_1+R_2}I$

(三)電阻混聯電路

　　既有電阻串聯,又有電阻並聯的電路叫作電阻混聯電路。在混聯電路的分析計算中,需借助電阻串聯、電阻並聯電路的分析方法,對電路進行化簡計算。如圖 2-3-6 所示是三個電阻組成的混聯電路。

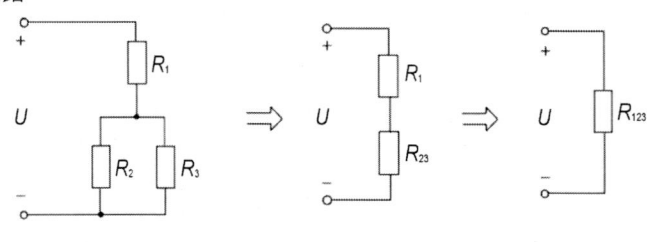

(a)電阻混聯電路　　　　(b)混聯電路的化簡

圖 2-3-6　電阻混聯電路

分析電阻混聯電路可以分為以下三步:
(1)應用電阻的串聯、並聯特點,逐步簡化電路,求出電路的等效電阻。
(2)由等效電阻和電路的總電壓,根據歐姆定律求出電路的總電流。
(3)再根據歐姆定律和電阻串並聯的特點,由總電流求出各支路的電壓和電流。

練一練:

你能畫出圖 2-3-7 電路的等效電路嗎?

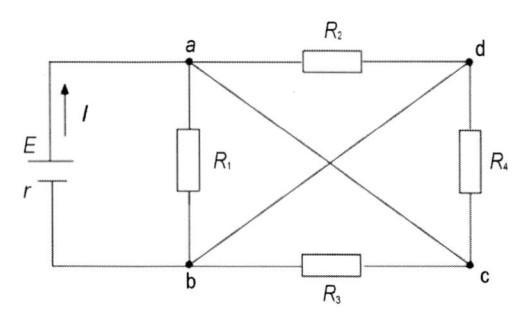

圖 2-3-7　電阻的串並聯

小結:

電阻串並聯的應用

(1)串聯電路的應用:分壓作用,限流作用,利用電阻串聯可以得到較大阻值的電阻。
(2)並聯電阻的應用:分流作用,恒壓供電,利用電阻並聯可以獲得較小阻值的電阻。

【任務實施】

一、器材準備

萬用表、實驗板、聖誕燈若干、導線若干。

二、電路裝接

(一)檢查聖誕燈

檢查每個聖誕燈的阻值是否正常，一般正常值很小，大約只有1Ω。

(二)按圖2-3-8所示連接電路

在實驗板上把聖誕燈連接起來，接上電源。如果聖誕燈正常發光，則說明電路正常；若發現有某一隻或某幾隻燈不亮，則要檢測故障。

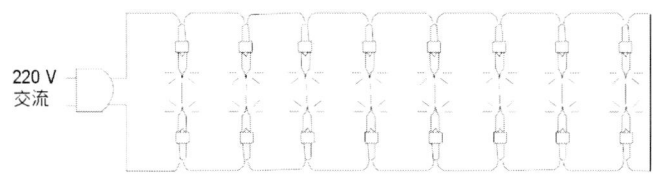

圖2-3-8 聖誕燈接線圖

三、電路檢測

(一)判斷聖誕燈電路的連接方式

用萬用表串聯在各個聖誕燈之間，如果每次萬用表讀到的電流數值相同，根據串聯電路的特點，我們可以判斷出各個聖誕燈之間的連接方式是串聯。或者用萬用表並聯在數量不同的小燈泡之間，如果電壓相等，則小燈泡是並聯的。

(二)電路故障分析

(1)有一隻或若干隻聖誕燈不亮。首先檢查聖誕燈是否損壞，若用萬用表測得聖誕燈電阻值無窮大，說明該聖誕燈已損壞，則需更換新的；若測得燈泡阻值都在正常範圍之內，而燈泡卻不能正常工作，初步判斷不是聖誕燈本身的問題。

(2)用萬用表檢查各點電位是否正常，若測得燈泡兩端電壓為零，說明燈泡未接入，可能是接線沒有連上導致的，需要把接線柱夾緊。若測得燈泡兩端有電壓，但比正常電壓偏小很多，說明聖誕燈沒有在額定功率下工作，可能導致燈泡滅或者燈泡發暗，需要檢查輸出電壓是否正常。

【任務拓展】

彩燈，又名花燈，是中國普遍流行、具有極高藝術價值的傳統工藝品，如圖2-3-9所示。彩燈藝術也就是燈的綜合性的裝飾藝術。在古代，其主要作用是照明，由紙或者絹作為燈籠的外皮，骨架通常使用竹條或木條製作，中間放上蠟燭或者油燈，成為照明工具。

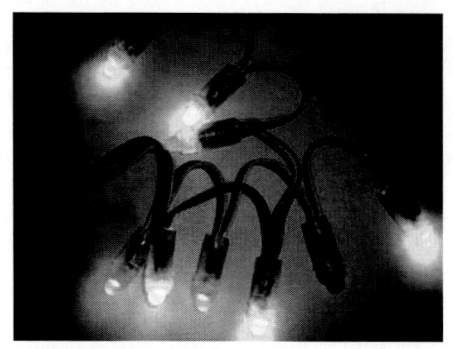

圖2-3-9 彩燈

　　近年來彩燈藝術得到了更大的發展，特別是隨著科學技術的發展，彩燈藝術更是花樣翻新，傳統的制燈工藝和現代科學技術緊密結合，將電子、建築、機械、遙控、聲學、光導纖維等新技術、新工藝用於彩燈的設計製作，把形、色、光、聲、動相結合，將思想性、知識性、趣味性、藝術性相統一，使得這門古老的藝術更加絢麗多彩。

【任務檢測】

一、選擇題

1. 兩個電阻值完全相等的電阻，若並聯後的總電阻是 10Ω，則將它們串聯的總電阻是（　　）。
   A.5Ω　　　　　B.10Ω　　　　　C.20Ω　　　　　D.40Ω
2. 4個電阻，電阻值都是R，把它們並聯起來，總電阻是（　　）。
   A.4R　　　　　B.R/4　　　　　C.4/R　　　　　D.2R
3. 今有三個電阻，它們的電阻值分別是 a、b、c，其中 a>b>c，當把它們並聯相接，總電阻為 R，它們的大小關係，下列（　　）判斷是正確的。
   A.c<R<b　　　B.b<R<a　　　C.R 可能等於 b　　　D.R<c
4. 修理電器需要一隻150Ω的電阻，但只有電阻值分別為100Ω、200Ω、600Ω的電阻各一隻，可代用的辦法是（　　）。
   A.把200Ω的電阻與600Ω的電阻串聯起來
   B.把100Ω的電阻與200Ω的電阻串聯起來
   C.把100Ω的電阻與200Ω的電阻並聯起來
   D.把200Ω的電阻與600Ω的電阻並聯起來

二、填空題

1. 將電阻值為6Ω和3Ω的電阻並聯時，總電阻為_____Ω。
2. 圖2-3-10中有四組不同的電阻，已知$R_1<R_2$，由圖可以看出電阻值最小的一組是_____。

R_1　R_2

（1）

R_1
R_2

（2）

R_1

（3）

R_2

（4）

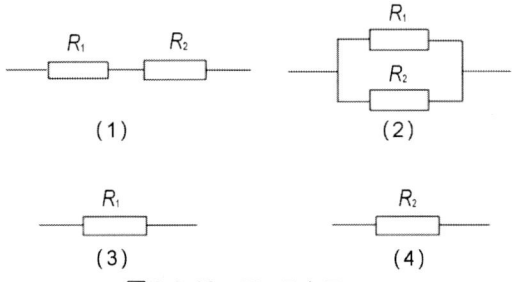

圖 2-3-10　題2示意圖

3.修理某電器時，需要一隻 4.5 Ω 的電阻，現在手裡有 1 Ω 電阻 2 只、9 Ω 電阻 4 只、4 Ω 電阻 2 只，應選用_____Ω 電阻_____只_____聯。

4.在圖 2-3-11 所示的電路中，由三節新乾電池串聯成的電池組做電源，L_1、L_2 的電阻分別為 $R_1=3$ Ω、$R_2=6$ Ω，請將答案填入空白處：①K_1 閉合、K_2 開啟時，Ⓐ 的示數是_____A；②K_1 閉合、K_2 閉合後，電流表Ⓐ 的示數是_____A，電壓表Ⓥ 的示數是_____V。

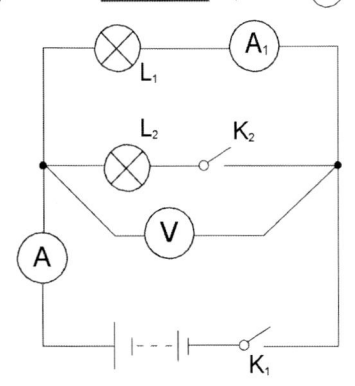

圖 2-3-11　題4電路圖

5.在圖 2-3-12 所示的電路中，由三節新乾電池串聯成的電池組做電源，L_1、L_2 的電阻分別為 $R_1=6$ Ω、$R_2=12$ Ω，請將答案填入空白處：
①電流表Ⓐ 的示數是_____A ②電壓表Ⓥ₁的示數是_____V ③電壓表Ⓥ示數是_____V。

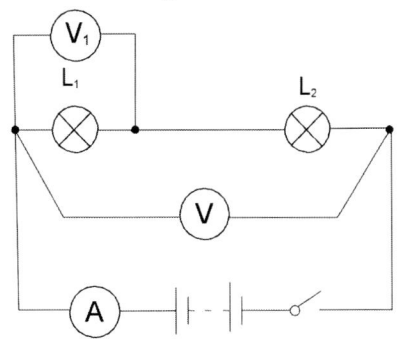

圖 2-3-12　題5電路圖

【評價與回饋】

序號	考核項目	分值	考核內容	配分	考核標準	得分
1	出勤 紀律	5分	出勤	2分	違規一次不得分	
			行為規範	3分	違規一次不得分	
2	安全 防護、環保	20分	著裝	2分	違規一次不得分	
			個人防護	3分	違規一次不得分	
			"5S" "EHS"	5分	違規一次不得分	
			設備使用安全	5分	違規一次不得分	
			操作安全	5分	違規一次不得分	
3	任務檢測	20分	任務測驗成績	20分	測驗成績的20%計	
4	技能考核	35分	技能測驗成績	35分	測驗成績的35%計	
5	學習能力	10分	工單填寫·工藝計畫制訂	4分	未做不得分	
			組內活動情況	5分	酌情扣分	
			資料查閱和收集	1分	未做不得分	
6	任務拓展	10分	知識拓展任務	2分	未做不得分	
			技能拓展任務	8分	未做不得分	
	總分	100分				

【教師評估】

序號	優點	存在問題	解決方案

教師簽字：

【學習後記】

項目三　正弦交流電路的認知

任務一　認知單相正弦交流電路

【任務目標】

目標類型	目標要求
知識目標	(1)能描述單相正弦交流電的概念及其產生過程 (2)能描述單相正弦交流電的三要素和表達方法,會比較同頻率正弦交流電的相位 (3)能敘述 RLC 串、並聯電路的特點,會分析和計算 RC 串聯交流電路 (4)能計算電路有功功率、無功功率
技能目標	(1)能分析單相正弦交流 RC 電路中電壓與電流相量之間的關係 (2)能測量日光燈線路
情感目標	(1)養成嚴謹的工作作風 (2)具有安全操作意識

【任務描述】

生活中我們大都使用交流電,那交流電是什麼呢？汽車中有交流發電機,汽車交流發電機是如何產生交流電的呢？知道這些我們就能正確使用交流電了。

【知識準備】

一、正弦交流電路的基本概念

正弦交流電由交流發電機產生,如圖 3-1-1 所示。線圈 ab、a´b´在外力的作用下繞軸以角速度 ω 勻速轉動時,切割磁感應線運動而產生感應電動勢,如果將電動勢用感應電壓 u(取與 e 參考方向相反)表示可寫成 :$U=U_m$。其波形如圖 3-1-2 所示。

(a)   (b)

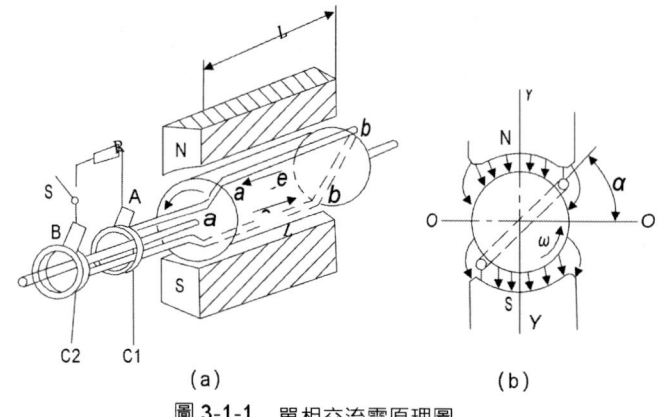

圖 3-1-1　單相交流電原理圖

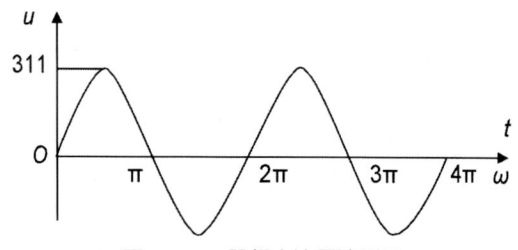

圖 3-1-2　單相交流電波形圖

在電路中，電壓、電流的大小和方向都不隨時間變化的電流稱為直流電，如圖 3-1-3 所示。電壓、電流的大小和方向隨時間按正弦規律變化的稱為正弦交流電，如圖 3-1-4 所示。正弦交流電壓和正弦交流電流統稱為正弦量。

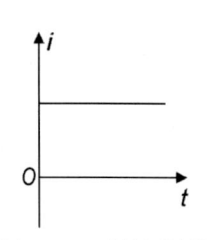

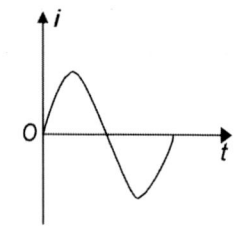

圖 3-1-3　直流電波形圖　　　　圖 3-1-4　正弦交流電波形圖

二、正弦交流電常見物理量

正弦交流電在任一時刻瞬時值用小寫字母 u、i、e 分別表示正弦電壓、電流、電動勢。正弦交流電瞬時值中的最大值，叫幅值，用大寫字母帶下標"m"表示，如 U_m、I_m、E_m。正弦交流電中的有效值，用大寫字母表示，如 U、I、E。現以正弦交流電流為例說明正弦交流電常見物理量。

(一) 頻率與週期

正弦交流電變化一次所需的時間稱為週期 T，其單位是秒(s)。每秒內變化的次數稱為頻率 f，其單位是赫茲(Hz)。其他常用單位：千赫(kHz)、兆赫(MHz)。它們的換算關係是：1 kHz =10^3 Hz；1 MHz =10^6 Hz。週期和頻率互為倒數，即：

$$f = \frac{1}{T}$$

大多數國家電力標準頻率是 50 Hz，美國和日本等國家是 60 Hz。在工程實際中，常以頻率的大小作為區分電路的標誌，如高頻電路、低頻電路等。正弦電流瞬時值可用正弦函數表示，即：

$$i = I_m \sin(\omega t + \varphi)$$

式中的 ω 在數值上等於單位時間內正弦函數幅角的增長值，稱為角頻率，它的單位是弧度每秒(rad/s)。由於在一個週期內幅角增長 2π 弧度，所以：

$$\omega = \frac{2\pi}{T} = 2\pi f$$

上式表明了正弦量的角頻率 ω 和週期 T、頻率 f 之間的關係，它們都表示正弦量變化快慢的物理量，只要知道其中一個，另外兩個量就可求得。

【例 3-1-1】

已知 $f = 50$ Hz 的正弦交流電，求它的週期 T 和角頻率（π 取 3.14）解：已知 $f = 50$ Hz，所以

$$T = \frac{1}{f} = \frac{1}{50} = 0.02 \text{ (s)}$$

$$\omega = 2\pi f = 2 \times 3.14 \times 50 = 314 \text{(rad/s)}$$

(二) 有效值

在電工技術中，有時並不需要知道交流電的瞬時值，而規定一個能夠表徵其大小的特定值——有效值，其依據是交流電流和直流電流通過電阻時，電阻都要消耗電能(產生熱效應)。交流電流 i 通過電阻 R 在一個週期內所產生的熱量和直流電流 I 通過同一電阻 R 在相同時間內所產生的熱量相等，則這個直流電流 I 的數值叫作交流電流 i 的有效值。

$$Q = I^2 RT$$

$$Q = \int_0^T i^2 R \, dt$$

$$I^2 RT = \int_0^T i^2 R$$

$$I = \sqrt{\frac{1}{T} \int_0^T i^2 \, dt}$$

故有效值又稱為均方根值，設 $i = I_m \sin\omega t$，則

$$I = \sqrt{\frac{1}{T} \int_0^T I_m^2 \sin^2 \omega t \, dt} = \sqrt{\frac{I_m^2}{T} \int_0^T \frac{1 - \cos 2\omega t}{2} dt}$$

$$= \sqrt{\frac{I_m^2}{2T} \left(\int_0^T dt - \int_0^T \cos 2\omega t \, dt \right)}$$

$$I = \frac{I_m}{\sqrt{2}} = 0.707 I_m$$

同理可得到電壓的有效值 U 和電動勢的有效值 E，即

$$U = \frac{U_m}{\sqrt{2}}$$

$$E = \frac{E_m}{\sqrt{2}}$$

【例3-1-2】
已知 $U=311\sin 314t$(V) 試求電壓有效值 U。
解：
$$U = \frac{U_m}{\sqrt{2}} = \frac{311}{\sqrt{2}} = 220(V)$$

若一交流電壓有效值為$U=220V$,則其最大值為$U_m≈311V$。工程上說的正弦電壓、電流一般指有效值,如設備銘牌額定值、電網的電壓等級等。但絕緣水準、耐壓值指的是最大值。因此,在考慮電器設備的耐壓水準時應按最大值考慮。測量中,電磁式交流電壓、電流表讀數均為有效值。工業交流電源的有效值為220V,頻率為50Hz,因而通常將這一交流電壓簡稱為工頻電壓。

(三)同頻率的相位差

設正弦電壓u和電流i為同頻率的正弦量,u、i可分別表示為：

$$u = U_m\sin(\omega t + \varphi_1) \qquad i = I_m\sin(\omega t + \varphi_2)$$

相位差φ為：

$\varphi = (\omega t + \varphi_1) - (\omega t + \varphi_2) = \varphi_1 - \varphi_2$,相位差$\varphi$是多值的,一般取$|\varphi| \leq \pi$。討論兩個正弦量的相位關係(判斷方法:超前代表進程在先,即先到達最大值、先過零點等)。
(1)當$\varphi > 0$時,稱電壓比電流超前φ。
(2)當$\varphi < 0$時,稱電壓比電流落後φ。
(3)當$\varphi = 0$時,稱電壓與電流同相。
(4)當$\varphi = \pi$或180°時,稱電壓與電流反相或電壓比電流超前180°。
(5)當$\varphi = \frac{\pi}{2}$或90°時,稱電壓與電流正交或電壓比電流超前90°。

三、交流電的表示方法

(一)解析式標記法

如圖3-1-5所示,電流、電壓、電動勢可用如下解析式表示。

$$i = I_m\sin(\omega t + \varphi) \quad u = U_m\sin(\omega t + \varphi) \quad e = E_m\sin(\omega t + \varphi)$$

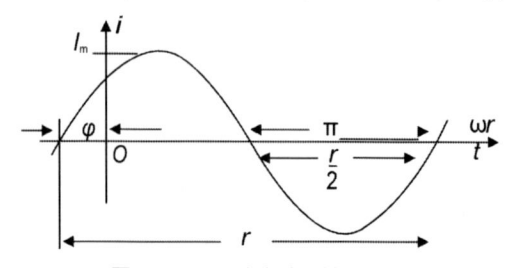

圖3-1-5　正弦交流電流波形圖

【例3-1-3】
已知某正弦交流電流的最大值是2A,頻率為100Hz,設初相位為60°,求該電流的暫態運算式。
解: $i = I_m\sin(\omega t + \varphi) = 2\sin(2\pi ft + 60°) = 2\sin(628t + 60°)$

(二)波形圖標記法

有時為了更直觀地觀察電流、電壓、電動勢的變化趨勢,可以用波形圖來表示。圖 3-1-6 是電壓波形圖標記法。

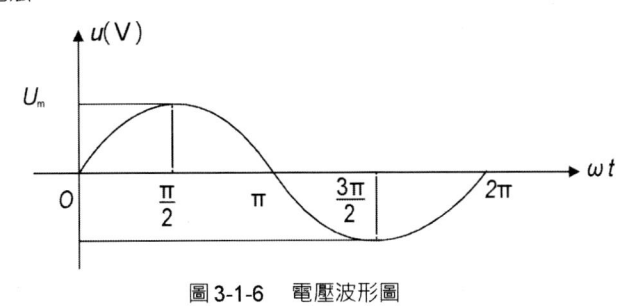

圖 3-1-6　電壓波形圖

四、交流電中的電阻、電容、電感的特性

在直流穩態電路中,電感元件可視為短路,電容元件可視為開路。但在交流電路中,由於電壓、電流隨時間變化,電感元件中的磁場不斷變化,引起感生電動勢。電容極板間的電壓不斷變化,引起電荷在與電容極板相連的導線中移動形成電流。因此,電阻 R、電感 L 及電容 C 對交流電路中的電壓、電流都會產生影響。

(一)電阻的特性

只含有電阻元件的交流電路叫WT純電阻電路,設電壓電流的參考方向相關聯,如圖 3-1-7(a)所示。

1. 電壓、電流的瞬時值關係

電阻與電壓、電流的瞬時值之間的關係服從歐姆定律。設加在電阻 R 上的正弦交流電壓瞬時值為 $u=U_m\sin\omega t$,則通過該電阻的電流瞬時值為:

$$i=\frac{u}{R}=I_m\sin\omega t$$

其中,I_m 是正弦交流電流的最大值。這說明正弦交流電壓和電流的最大值之間滿足歐姆定律。

2. 電壓、電流的有效值關係

電壓、電流的有效值關係又叫作大小關係。由於純電阻電路中正弦交流電壓和電流的最大值之間滿足歐姆定律,因此把等式兩邊同時除以 $\sqrt{2}$ 即得到有效值關係,即:

$$I=\frac{U}{R} \text{ 或 } U=IR$$

這說明正弦交流電壓和電流的有效值之間也滿足歐姆定律。

3. 相位關係

由運算式 $i=\frac{u}{R}=\frac{U_m}{R}\sin\omega t=I_m\sin\omega t$ 可知電阻的兩端電壓 u 與通過它的電流 i 同相。其波形圖如圖 3-1-7(b)所示。

(a)純電阻電路　　　　　　　　(b)波形圖

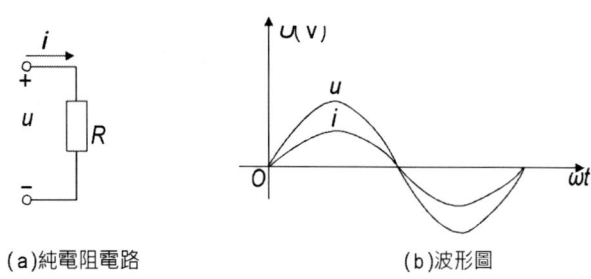

圖 3-1-7　電阻元件的交流電路

4. 純電阻電路的功率

在任一瞬間，電阻中電流瞬時值與同一瞬間的電阻兩端電壓的瞬時值的乘積，稱為電阻獲得的暫態功率。

$$p = ui = U_m \sin\omega t \cdot I_m \sin\omega t$$
$$= U_m I_m \sin^2\omega t$$
$$= UI(1 - \cos 2\omega t)$$

(1)由上式可知，暫態功率 p 的變化頻率是電源頻率的 2 倍。暫態功率在任一瞬間的數值都是正值。這說明了電阻總是從電源取用功率，即總是消耗功率，是耗能元件。

(2)由於暫態功率時刻變動，不便計算，因而通常用電阻在交流電一個週期內消耗功率的平均值來表示功率的大小，叫作平均功率，也稱為有功功率。用 P 表示，單位是瓦特(W)。

$$P = \frac{1}{T}\int_0^T p\,dt = \frac{1}{T}\int_0^T UI(1-\cos 2\omega t)\,dt = UI = RI^2$$

電流電壓用有效值表示時，其功率 P 的計算與直流電路相同(即同一電阻接在 220 V 交流電源上與接在 220 V 直流電源上所取用的功率是完全相同的)。暫態功率波形如圖 3-1-8 所示。圖中虛線為 u、i 和平均功率 P。

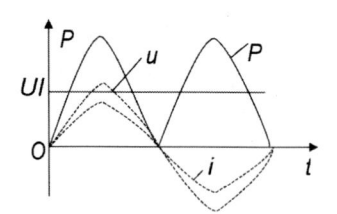

圖 3-1-8　暫態功率波形圖

(二)電感的特性

只含有電感元件的交流電路叫作純電感電路，如只含有理想線圈的電路。設電壓電流的參考方向相關聯，如圖 3-1-9(a)所示。

1. 電感電流與電壓的瞬時值關係

當純電感電路中有交變電流通過時，根據電磁感應定律，線圈 L 上將產生自感電動勢，其運算式為：

$$e_L = -L\frac{di}{dt}$$

對於一個內阻很小的電源，其電動勢 e 與端電壓 u_L 總是大小相等，方向相反。即

$$u = -e_L = -\left(-L\frac{di}{dt}\right) = L\frac{di}{dt}$$

設電感 L 中流過的電流 $i=I_m\sin\omega t$

則 $$u=L\frac{di}{dt}=\omega LI_m\cos\omega t=U_m\sin(\omega t+90°)$$

2. 電感電流與電壓的有效值關係

由 $u=L\frac{di}{dt}=\omega LI_m\cos\omega t=U_m\sin(\omega t+90°)$ 可知，

u、i 幅值的關係為： $\qquad U_m=\omega LI_m$

u、i 有效值的關係為： $\qquad U=\omega LI=X_LI$ （X_L——感抗）

所以 $\qquad X_L=\omega L=2\pi fL$

故在直流電路中 $f=0$、$X_L=0$，電感可視為短路，感抗只有在交流電路中才有意義；在交流電路中 $f\uparrow\to X_L\uparrow\to\infty$，電感可視為開路，L 對高頻電流阻礙作用很大。

3. 電感電流與電壓的相位關係

由公式 $i=I_m\sin\omega t$ 和 $u=L\frac{di}{dt}=\omega LI_m\cos\omega t=U_m\sin(\omega t+90°)$ 可知，電感電壓比電流超前 90°或電感電流比電壓滯後 90°。畫出 u、i 的波形圖和相量圖，如圖 4-1-9(b)、(c)所示。

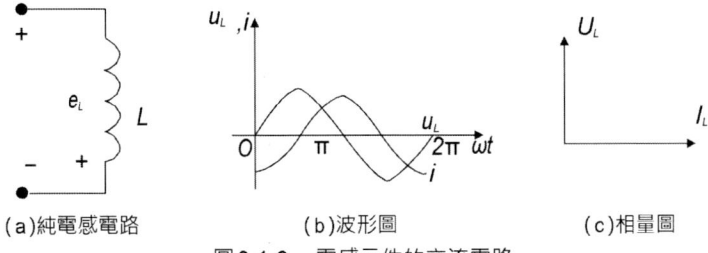

(a)純電感電路　　(b)波形圖　　(c)相量圖

圖 3-1-9　電感元件的交流電路

4. 純電感電路功率

純電感電路的功率的大小是各暫態電壓與電流的乘積。

$$P=ui$$
$$=U_m\sin(\omega t+90°)I_m\sin\omega t$$
$$=U_mI_m\sin\omega t\cos\omega t$$
$$=1/2\,U_mI_m\sin 2\omega t$$
$$=UI\sin 2\omega t$$

純電感電路的平均功率(有功功率)：

$$P=\frac{1}{T}\int^T pdt=\frac{1}{T}\int^T UI\sin 2\omega t\,dt$$

這樣，在同一個週期內，純電感電路中沒有能量的消耗，只有電能和磁能週期性的轉換。因此，電感元件是一個儲能元件。轉換的功率可用無功功率 Q 衡量。暫態功率不為零，暫態功率最大值稱無功功率。用 Q 表示，單位是乏(var)。

$$Q=UI=I^2X_L=U_L^2/X_L$$

注意："無功"的含義是"交換"而不是"消耗"，它是相對"有功"而言，不能理解為"無用"。事實上，無功功率在生產實際中佔有很重要的地位。具有電感的變壓器、電動機等設備都是靠電磁轉換工作的。

(三)電容的特性

1.純電容電路電流與電壓的關係

設電壓電流的參考方向相關聯,如圖 3-1-10(a)所示。純電容電路電流與電壓的關係為

$$i=C\frac{du}{dt}$$

設電壓 u 為參考相量,即

$$u=U_m \sin\omega t$$

則

$$i=C\frac{du}{dt}=\omega C U_m \cos\omega t=I_m \sin(\omega t+90°)$$

2.電感電流與電壓的有效值關係

由 $i=C\dfrac{du}{dt}=\omega C U_m \cos\omega t=I_m \sin(\omega t+90°)$ 可知

u、i 幅值的關係為

$$I_m=\omega C U_m \text{ 或 } U_m=\frac{1}{\omega C}I_m$$

u、i 有效值的關係為

$$U=\frac{1}{\omega C}I=X_C I$$

故

$$X_C=\frac{1}{\omega C}=\frac{1}{2\pi fC} \quad (X_C\text{——容抗})$$

上式表明,同一電容(C 為定值)對不同頻率的正弦電流表現出不同的容抗,頻率越高,則容抗越小。因此電容器對高頻電流有較大的傳導作用。

3. 電感電流與電壓的相位關係

由 $u=U_m \sin\omega t$ 和 $i=C\dfrac{du}{dt}=\omega C U_m \cos\omega t=I_m \sin(\omega t+90°)$ 可知,電感電流比電壓超前 90°或電感電壓比電流滯後 90°。畫出 u、i 的波形圖和相量圖,如圖 3-1-10(b)、(c)所示。

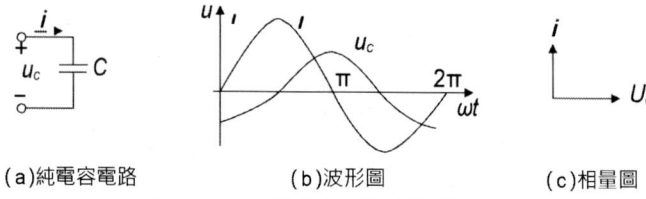

(a)純電容電路　　　　　(b)波形圖　　　　　(c)相量圖

圖 3-1-10　電容元件的交流電路

4. 電容電路功率

純電容電路的功率的大小是各暫態電壓與電流的乘積,即:

$$P= ui$$
$$= U_m \sin\omega t \cdot I_m \sin(\omega t+90°)$$
$$= U_m I_m \sin\omega t \cos\omega t$$
$$= 1/2\, U_m I_m \sin 2\omega t$$
$$= UI \sin 2\omega t$$

純電感電路的平均功率(有功功率):

$$P=\frac{1}{T}\int^T pdt = \frac{1}{T}\int^T UI\sin 2\omega t\, dt = 0$$

這樣,在同一個週期內,純電容電路中沒有能量的消耗,只是電容元件與電源之間不停地有能量交換(電容器不停地充電和放電)。因此,電容元件是一個儲能元件。無功功率用來表示電容和電源交換能量的規模,單位是乏(var)。

$$Q=UI=I^2 X_C=U_L^2/X_C$$

【任務實施】

一 實施內容

(1)單相正弦交流電的產生原理。
(2)單相正弦交流電的常見物理量分析。
(3)單相正弦交流電的表達方法。
(4)單相正弦交流電中的電阻、電容、電感的特性。

二 準備工作

1.所需設備、工具和材料

電源、導線。

2.安全防護用品

標準作業裝、安全鞋、手套等。

三 技術規範與注意事項

(1)嚴禁違規操作。
(2)使用維修手冊和電路圖時要注意避免殘缺不全。
(3)要遵守維修手冊規定的其他技術和安全要求。

四 任務實施步驟及方法

(1)一般準備工作。

①清點所需工具、量具數量和種類。
②檢查設備、工具、量具性能是否良好。

(2)畫出單相正弦交流電波形圖。

(3)用有效值相量圖表示 $u=220\sqrt{2}\sin(\omega t+53°)$ V 和 $i=240\sqrt{2}\sin\omega t$ A。

(4)根據圖3-1-11相位波形圖，完成下面內容。

(1)當_____時，稱電壓比電流落後φ。
(2)當_____時，稱電壓與電流同相。
(3)當_____時，稱電壓與電流反相或電壓比電流超前 180°。
(4)當_____時，稱電壓與電流正交或電壓比電流超前 90°。

(a)　　　　　　　　　　　　(b)

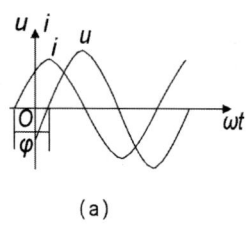

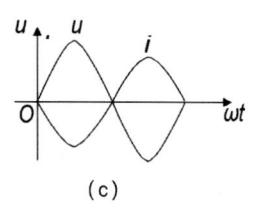

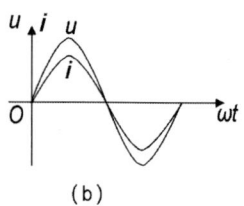

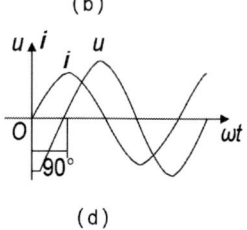

(c)　　　　　　　　　　　　(d)

圖 3-1-11　相位差波形圖

(5)現場恢復。

①收回 清點 整理工具 量具及設備。

②與小組成員共同清潔場地。

【任務檢測】

1.　正弦交流電中的相量與中學數學中的向量和物理中的向量有什麼相同和不同？

2.　已知 f=50 Hz 的正弦交流電，求它的週期 T 和角頻率 ω。

【評價與回饋】

序號	考核項目	分值	考核內容	配分	考核標準	得分
1	出勤 紀律	5分	出勤	2分	違規一次不得分	
			行為規範	3分	違規一次不得分	
2	安全 防護、環保	20分	著裝	2分	違規一次不得分	
			個人防護	3分	違規一次不得分	
			"5S" "EHS"	5分	違規一次不得分	
			設備使用安全	5分	違規一次不得分	
			操作安全	5分	違規一次不得分	
3	任務檢測	20分	任務測驗成績	20分	測驗成績的20%計	
4	技能考核	35分	技能測驗成績	35分	測驗成績的35%計	
5	學習能力	10分	工單填寫、工藝計畫制訂	4分	未做不得分	
			組內活動情況	5分	酌情扣分	
			資料查閱和收集	1分	未做不得分	
6	任務拓展	10分	知識拓展任務	2分	未做不得分	
			技能拓展任務	8分	未做不得分	
	總分	100分				

【教師評估】

序號	優點	存在問題	解決方案

教師簽字：

【學習後記】

任務二　認知三相正弦交流電路

【任務目標】

目標類型	目標要求
知識目標	(1)能敘述三相交流電的概念及其產生過程 (2)能闡述三相電源星形接法的含義、三相對稱負載星形、三角形接法的特點
技能目標	(1)能製作三相負載的星形聯結、三角形聯結 (2)能測量線電壓、相電壓及線電流、相電流 (3)能使用功率表並正確測量三相電路功率
情感目標	(1)養成嚴謹的工作作風 (2)具有安全操作意識

【任務描述】

瞭解三相負載作星形、三角形聯結電路的連接方法。通過線電壓、相電壓及線電流、相電流的測量，觀察各相燈組亮暗的變化程度，並觀察中線的作用。同時通過對三相電路功率的測量，學會功率表的接線和使用方法。

【知識準備】

一、三相交流電動勢的產生

(一)三相交流電路的定義

由三相交流電源供電的電路稱為三相交流電路。所謂三相交流電路是指由三個頻率相同、最大值(或有效值)相等、在相位上互差$120°$的單相交流電動勢組成的電路。這三個電動勢稱為三相對稱電動勢。

(二)三相交流電的優點

(1)三相交流發電機比功率相同的單相交流發電機體積小、品質輕。

(2)電能輸送成本低。當輸送功率相等、電壓相同、輸電距離一樣、線路損耗也相同時，用三相制輸電比單相制輸電可大大節省輸電線有色金屬的消耗量，即輸電成本較低。

(3)目前獲得廣泛應用的三相非同步電動機是以三相交流電作為電源，它與單相電動機或其他電動機相比具有結構簡單、價格低廉、性能良好和使用維護方便等優點。因此在現代電力系統中，三相交流電路獲得廣泛應用。

(三)三相交流電的產生

三相交流電的產生就是指三相交流電動勢的產生。三相交流電動勢由三相交流發電機產生，它是在單相交流發電機的基礎上發展而來的。

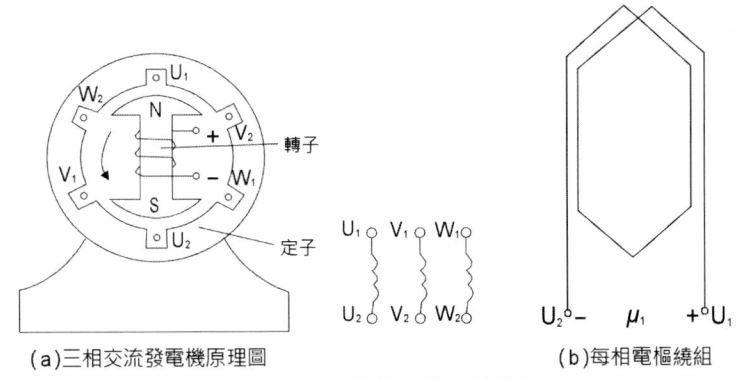

如圖 3-2-1(a)是三相發電機的原理圖。發電機的轉動部分稱為轉子，在轉子的勵磁繞組中通以直流電，產生恒定的磁場。發電機的固定部分稱為定子，定子鐵芯的內圓放置電樞繞組。三個尺寸和匝數相同的繞組分別用U_1U_2、V_1V_2、W_1W_2表示，稱為三相繞組U相、V相、W相。U_1、V_1、W_1稱為繞組的首端，U_2、V_2、W_2稱為末端。三個繞組安裝在定子鐵芯槽內，三相繞組在空間位置上相差120°。各相繞組的匝數和形狀都相同，圖3-2-1(b)所示為U相繞組的示意圖。

(a)三相交流發電機原理圖　　　(b)每相電樞繞組

圖3-2-1　三相對稱電動勢的產生

磁極放在轉子上，一般均由直流電通過勵磁繞組產生一個很強的恒定磁場。當轉子由原動機拖動做勻速轉動時，三相定子繞組即切割轉子磁場而感應出三相對稱交流電動勢。

這三個電動勢的三角函數運算式為：

$$e_U = E_m \sin\omega t$$
$$e_V = E_m \sin(\omega t - 120°)$$
$$e_W = E_m \sin(\omega t - 240°) = E_m \sin(\omega t + 120°)$$

其波形圖如圖 3-2-2(a)所示，相量圖如圖 3-2-2(b)所示。

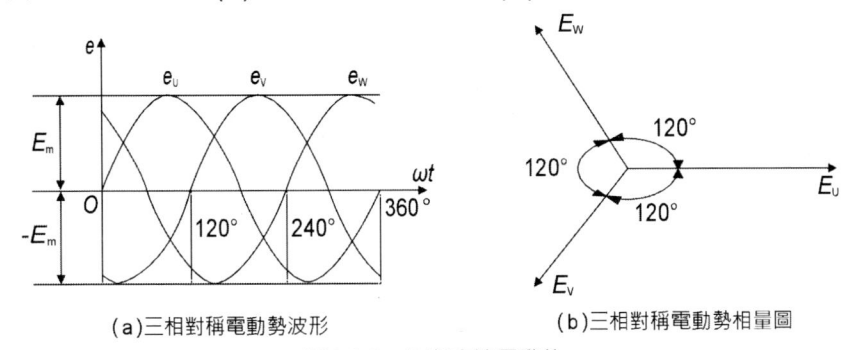

(a)三相對稱電動勢波形　　　(b)三相對稱電動勢相量圖

圖3-2-2　三相交流電動勢

從圖 3-2-2(a)中可以看出，三相交流電動勢在任一瞬間其三個電動勢的代數和為零，即：

$$e_U + e_V + e_W = 0$$

在圖 3-2-2(b)中還可看出三相正弦交流電動勢的相量和也等於零，即：

$$U + V + W = 0$$

把它們稱作三相對稱電動勢，規定每相電動勢的正方向是從線圈的末端指向首端(或由低電位指向高電位)。

二、三相繞組的聯結

三相交流發電機實際有三個繞組、六個接線端。我們目前採用的是將這三相交流電按照一定的方式聯結成一個整體向外送電的方法。聯結的方法通常為星形和三角形。

(一)三相繞組的星形聯結

1. 星形聯結

將電源的三相繞組末端 U_2、V_2、W_2 連在一起，首端 U_1、V_1、W_1 分別與負載相連，這種方式就叫作星形聯結。其接法如圖3-2-3所示。

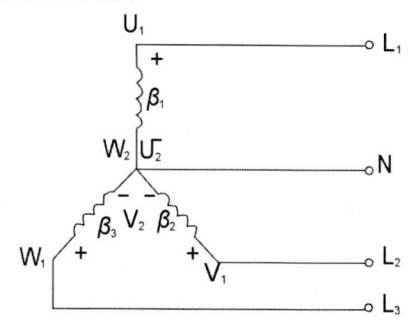

圖3-2-3　三相電源的星形聯結(有中性線)

2. 中點、中性線、相線、地線

三相繞組末端相連的一點稱為中點或零點，一般用"N"表示。從中點引出的導線叫作中性線(簡稱中線)，也叫零線。叫零線的原因是三相電源對稱時中性線中沒有電流通過了，再有就是它直接或間接地接到大地，跟大地相連電壓也接近為零。

從首端 U_1、V_1、W_1 引出的三根導線稱為相線(或端線)。由於它與大地之間有一定的電位差，一般通稱火線。火線與零線共同組成供電回路。在低壓電網中用三相四線制輸送電，其中有三根相線一根零線。地線是把設備或用電器的外殼可靠地連接大地的線路，是防止觸電事故的良好方案。

為了保證用電安全，在用戶使用區改為用三相五線制供電，這第五根線就是地線，它的一端是在使用者區附近用金屬導體深埋於地下，另一端與各用戶的地線接點相連起保護的作用。

3. 輸電方式

由三根火線和一根地線所組成的輸電方式稱三相四線制(通常在低壓配電系統中采用)。只由三根火線所組成的輸電方式稱三相三線制(在高壓輸電時採用較多)。

4. 三相電源星形聯結時的電壓關係

(1)相電壓 U_P。每個繞組的相線與中性線之間的電壓稱為相電壓。相電壓的有效值用 U_U、U_V、U_W 表示。

(2)線電壓 U_L。各繞組相線與相線之間的電壓叫作線電壓，其有效值分別用 U_{UV}、U_{VW}、U_{WU} 表示。

(3)相電壓與線電壓參考方向的規定。相電壓的正方向是由首端指向中點N，例如電壓 U_U 是由首端U指向中點N。線電壓的方向，如電壓 U_{UV} 是由首端U指向首端V，書寫時不能顛倒，否則相位相差 180°。

(4)線電壓 U_L 與相電壓 U_P 的關係。相電源星形聯結時的電壓相量圖，如圖3-2-4所示。三個相電壓大小相等，在空間各相差120°。

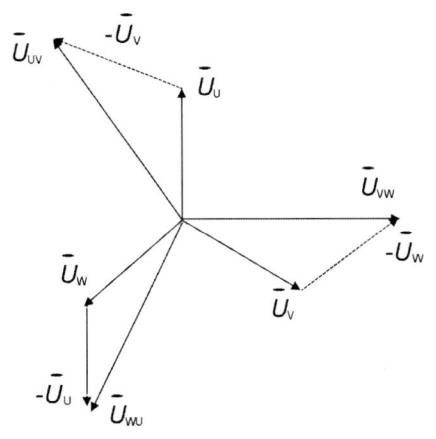

圖 3-2-4　電源星形聯結時的電壓相量圖

故兩端線 U 和 V 之間的線電壓應該是兩個相應的相電壓之差，即

$$\bar{U}_{UV}=\bar{U}_U-\bar{U}_V$$
$$\bar{U}_{VW}=\bar{U}_V-\bar{U}_W$$
$$\bar{U}_{WU}=\bar{U}_W-\bar{U}_U$$

線電壓大小利用幾何關係可求得為：

$$U_{UV}=2U_U\cos 30°=\sqrt{3}U_U$$

同理可得：

$$U_{VW}=\sqrt{3}U_V \qquad U_{WU}=\sqrt{3}U_W$$

結論：三相電路中線電壓的大小是相電壓的 $\sqrt{3}$ 倍，其公式為

$$U_L=\sqrt{3}U_P$$

平常我們講的電源電壓為220V，即指相電壓，講電源電壓為380V，即指線電壓。由此可見，三相四線制的供電方式可以給負載提供兩種電壓，即線電壓380V和相電壓220V，因而在實際中獲得了廣泛的應用。

(二)三相電源的三角形聯結

1. 三角形聯結(△接)

如圖 3-2-5 所示，將電源一相繞組的末端與另一相繞組的首端依次相連(接成一個三角形)，再從首端 U_1、V_1、W_1 分別引出端線，這種連接方式就叫三角形聯結，如圖 3-2-5(a)所示。相量圖如圖 3-2-5(b)所示。

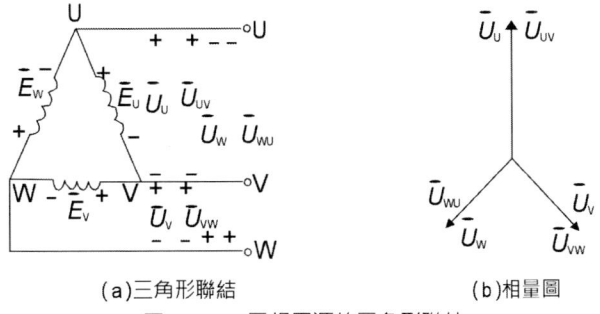

(a)三角形聯結　　　　(b)相量圖

圖 3-2-5　三相電源的三角形聯結

2.三相電源三角形聯結時的電壓關係

由圖3-2-5可見：

$$\bar{U}_{UV}=\bar{U}_U$$
$$\bar{U}_{VW}=\bar{U}_V$$
$$\bar{U}_{WU}=\bar{U}_W$$

所以三相電源三角形聯結時，電路中線電壓的大小與相電壓的大小相等，即：

$$\bar{U}_L=\bar{U}_P$$

由相量圖 3-2-5(b)可以看出，三個線電壓之和為零，即：

$$\bar{U}_{UV}+\bar{U}_{VW}+\bar{U}_{WU}=0$$

同理可得，在電源的三相繞組內部三個電動勢的相量和也為零，即：

$$\bar{E}_{UV}+\bar{E}_{VW}+\bar{E}_{WU}=0$$

因此當電源的三相繞組採用三角形聯結時，在繞組內部是不會產生環路電流(環流)的。在生產實際中，發電機繞組很少接成三角形，通常接成星形。

三、三相負載的連接

在三相負載中，如果每相負載的電阻均相等，電抗也相等(且均為容抗或均為感抗)，則稱為三相對稱負載。如果各相負載不同，就是不對稱的三相負載，如三相照明電路中的負載。負載也和電源一樣可以採用兩種不同的連接方法，即星形聯結和三角形聯結。

(一)三相負載的星形聯結

如圖 3-2-6 所示為三相負載星形聯結三相四線制電路，它的接線原則與電源的星形聯結相似，即將每相負載末端連成一點N（中性點N´），首端U、V、W分別接到電源線上。這

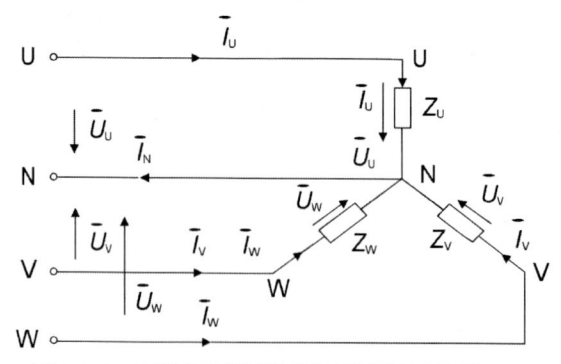

圖 3-2-6　三相負載星形聯結的三相四線制電路

由圖3-2-6可知，流過中線電流為：

$$\bar{I}_N=\bar{I}_U+\bar{I}_V+\bar{I}_W$$

若三相負載對稱，則在三相對稱電壓的作用下，流過三相對稱負載中每相負載的電流應相等，即：

$$I_L=I_U=I_V=I_W=\frac{U_P}{|Z_P|}$$

此時流過中性線的電流 I_N 為零，中性線可以去掉，形成三相三線制電路。但事實上三相負載不對稱，若斷開中性線，將會使有的負載端電壓升高，有的負載端電壓降低，因而負載不能在額定電壓下正常工作，甚至可能引起用電設備的損壞。為了確保負載正常工作，對於星形聯結的不對稱負載(例如照明電路)必須接中性線，而且不能把熔斷器和其他開關安裝在中性線上。故凡有照明、單相電動機、電扇、各種家用電器的場合，也就是說一般低壓用電場所，大多採用三相四線制。如圖 3-2-7 所示是三相負載星形聯結的三相四線制電路，它能提供 220 V 和 380 V 兩種電壓。

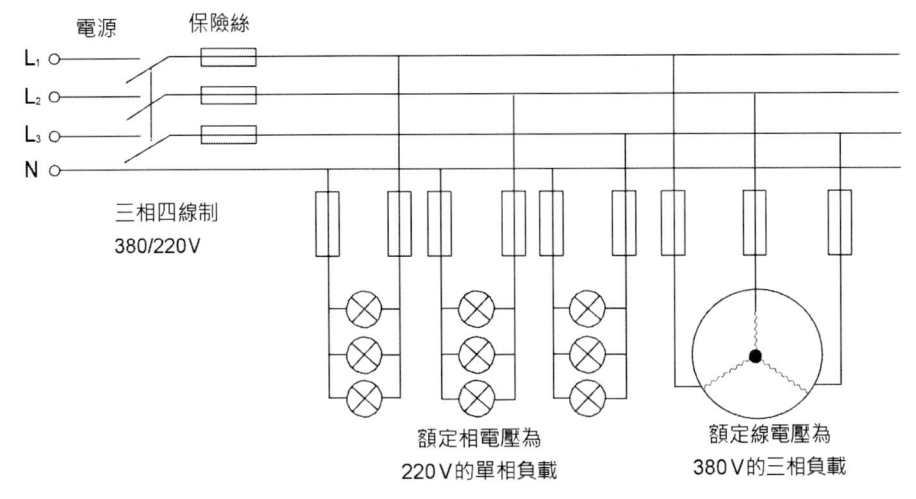

圖 3-2-7　三相負載星形聯結三相四線制電路

(二)三相負載的三角形聯結

如果負載的額定電壓等於三相電源的線電壓，則必須把負載接於兩根相線之間。把這樣的負載分為三組，分別接於相線U與V、V與W、W與U之間，就構成了負載的三角形聯結，如圖 3-2-8 所示。由於三相電源的線電壓是對稱的，而每相負載直接接於相線之間，因而各相負載所受的電壓(也稱負載相電壓)總是對稱的。

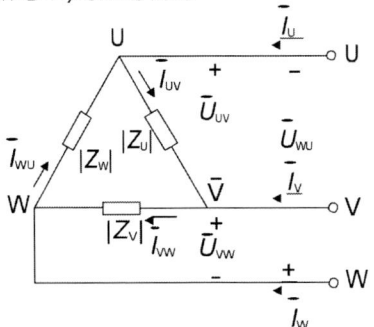

圖 3-2-8　三相負載的三角形聯結

【任務實施】

一、實施內容

(1)三相正弦交流電產生的原理。
(2)三相電源的連接。
(3)三相負載的連接。

二、準備工作

(1)所需設備、工具和材料。電源、導線、電阻。
(2)安全防護用品。標準作業裝、安全鞋、線手套等。

三、技術規範與注意事項

(1)嚴禁違規操作。
(2)使用維修手冊和電路圖時要注意避免殘缺不全、使用資料應與車輛型號相對應。
(3)要遵守維修手冊規定的其他技術和安全要求。

四、任務實施步驟及方法

(1)一般準備工作。
①清點所需工具、量具數量和種類。
②檢查設備、工具、量具性能是否良好。
(2)畫出兩種三相電源聯結圖。

(3)畫出兩種三相負載聯結圖。

(4)現場恢復。
①收回、清點、整理工具、量具及設備。
②與小組成員共同清潔場地。

【任務檢測】

1. 寫出三相交流電的優點。

2. 教室裡有日光燈 空調 多媒體螢幕升降電動機等設備 你能否將教室的電路圖畫出來？

【評價與回饋】

序號	考核項目	分值	考核內容	配分	考核標準	得分
1	出勤 紀律	5分	出勤	2分	違規一次不得分	
			行為規範	3分	違規一次不得分	
2	安全 防護、環保	20分	著裝	2分	違規一次不得分	
			個人防護	3分	違規一次不得分	
			"5S" "EHS"	5分	違規一次不得分	
			設備使用安全	5分	違規一次不得分	
			操作安全	5分	違規一次不得分	
3	任務檢測	20分	任務測驗成績	20分	測驗成績的 20%計	
4	技能考核	35分	技能測驗成績	35分	測驗成績的 35%計	
5	學習能力	10分	工單填寫·工藝計畫制訂	4分	未做不得分	
			組內活動情況	5分	酌情扣分	
			資料查閱和收集	1分	未做不得分	
6	任務拓展	10分	知識拓展任務	2分	未做不得分	
			技能拓展任務	8分	未做不得分	
	總分	100分				

【教師評估】

序號	優點	存在問題	解決方案

教師簽字：

【學習後記】

任務三　認知電阻、電容、電感

【任務目標】

目標類型	目標要求
知識目標	(1)能敘述電阻、電容、電感的概念 (2)能闡述電阻、電容、電感的產生原理
技能目標	(1)能製作含有電阻、電容的簡單電路 (2)能利用簡單原理分析特殊電阻在汽車上的應用
情感目標	(1)養成嚴謹的工作作風 (2)具有安全操作意識

【任務描述】

在連接含有電阻的簡單電路時，你會發現採用不同的電阻，燈泡的明亮程度會不同。如果對電阻的特性進行探究，最終會發現這是因為每個電阻的阻值不同造成的。

【知識準備】

一、電阻

(一)電阻的定義

電荷在導體內做定向移動會遇到阻礙作用，這種阻礙稱為電阻。具有一定的電阻數的元器件稱為電阻器，簡稱為電阻。

經過大量的實驗，科學家得出了電阻定律：在一定溫度下，導體的電阻 R 與它的長度 L 成正比，與它的橫截面積 S 成反比，還與導體的材料有關係。其運算式是：

$$R = \rho \frac{L}{S}$$

式中：R——導體的電阻(Ω)；

　　　L——導體的長度(m)；

　　　S——導體的橫截面積(m^2)；

　　　ρ——導體的電阻率($\Omega \cdot m$)。

其中 ρ 叫作物體的電阻係數或電阻率，它與材料的性質有關。不同的材料的電阻率是不同的。常見材料的電阻率，見表3-3-1。

表3-3-1　常見材料的電阻率和電阻溫度係數

材料名稱	電阻率$\rho(\Omega \cdot m)$	平均電阻溫度係數$\alpha(1/℃)$　0～100℃
銀	0.0165	0.0036
銅	0.0175	0.004

續表

材料名稱	電阻率 ρ(Ω·m)	平均電阻溫度係數 α(1/℃) 0～100℃
鋁	0.0283	0.004
低碳鋼	0.13	0.006
碳	35	-0.0005
錳鋼	0.43	0.000006
康銅	0.49	0.000005
鎳鉻合金	1.1	0.00013
鐵鉻鋁合金	1.4	0.00008
鉑	0.106	0.00389

電阻率 ρ 是反映材料導電性能強弱的係數。由表 3-3-1 可見,銀、銅、鋁的電阻率很小,表示其對電流的阻礙小,導電能力強。因此,常用銅或鋁來製造導線和電器設備的線圈。銀的電阻率最小,但因價格昂貴,因而只有在有特殊要求的場合使用,如電器觸頭等。鎳鉻合金、鐵鉻鋁合金的電阻率很大,而且耐高溫,常用來製造發熱器件的電阻絲。

(二)電阻與溫度的關係

人們在生產實踐或科學實驗中發現,導體的電阻還與溫度的變化有關。一般可分為三種情況。第一類導體電阻隨溫度的升高而增加,如銀、鋁、銅、鐵、鎢等金屬。第二類導體電阻隨溫度升高而減小,如電解液和半導體材料等。第三類導體的電阻幾乎不隨溫度的改變而變化,如康銅、錳鋼、鎳鉻合金等。因此用電阻溫度係數來反映材料電阻受溫度影響的程度。常見材料的電阻溫度係數見表 3-3-1。

工程上通常用電阻溫度係數極小的康銅、錳鋼製造標準的電阻、電阻箱以及電工儀錶中的分流電阻和附加電阻等。金屬導體的電阻隨溫度變化的特性還可用於溫度的測量。例如金屬鉑,它是一種貴重金屬,電阻溫度係數較大且熔點高,因而常用於製造鉑電阻溫度計,一般測溫範圍為 -200~850 ℃。

通常金屬導體的電阻隨溫度的升高而增加,它們的關係是:

$$R_2 = R_1[1+\alpha(t_2-t_1)]$$

式中 t_1——參考溫度(通常為 20℃);

t_2——導體實際溫度(℃);

R_1——t_1 時的電阻(Ω);

R_2——t_2 時的電阻(Ω);

α——電阻溫度係數(1/℃)。

(三)線性電阻與非線性電阻

電阻元件的端電壓 u 與通過該元件的電流 i 之間的函數關係用 $u=f(i)$ 來表示,在座標平面上表示電阻元件的電壓電流關係曲線稱為伏安特性曲線。根據伏安特性的不同,電阻元件分兩大類:線性電阻和非線性電阻。

線性電阻元件的端電壓 u 與電流 i 符合歐姆定律，即 u=Ri，其中 R 是一個常數，其伏安特性曲線是一條通過座標原點的直線，如圖 3-3-1(a)所示。該直線的斜率只與元件的電阻 R 有關，與元件兩端的電壓 u 和通過該元件的電流 i 無關。

非線性電阻元件的端電壓 u 與電流 i 的關係是非線性關係，其阻值 R 不是一個常數，隨著電流或電壓的變化而變化，其伏安特性曲線是一條通過座標原點的曲線，如圖 3-3-1(b)所示。非線性電阻種類繁多，常見的如白熾燈絲、普通二極體、穩壓二極體等。

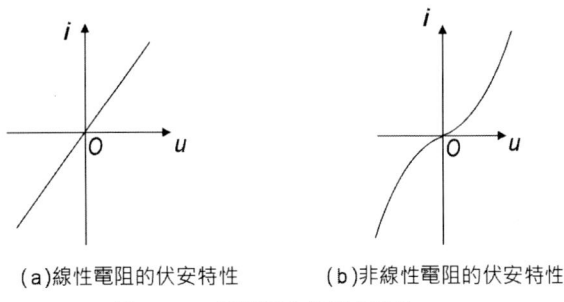

(a)線性電阻的伏安特性　　(b)非線性電阻的伏安特性

圖 3-3-1　電阻元件的伏安特性

(四)電阻的分類

(1)按阻值特性分為固定電阻、可調電阻、特種電阻(敏感電阻)。不能調節的，我們稱為定值電阻或固定電阻，而可以調節的，我們稱之為可調電阻。常見的可調電阻是滑動變阻器，例如收音機音量調節的裝置是個圓形的滑動變阻器。主要應用於電壓分配的，我們稱為電位器。

(2)按製造材料分為碳膜電阻、金屬膜電阻、線繞電阻等。薄膜電阻是用蒸發的方法將一定電阻率材料蒸鍍於絕緣材料表面製成。

(3)按安裝方式分為外掛程式電阻、貼片電阻。

(4)按功能分為負載電阻、採樣電阻、分流電阻、保護電阻等。

(五)電阻器額定功率的識別

電阻器額定功率指電阻器在直流或交流電路中長期連續工作所允許消耗的最大功率，有兩種標記方法。功率 1 W 或大於 1 W 的電阻器，一律以羅馬數字標出；1 W 以下的電阻器，以自身體積大小來表示功率。常用的有 0.05 W、0.125 W、0.25 W、0.5 W、1 W、2 W、3 W、5 W、7 W、10 W。一些非線繞電阻器額定功率的符號如圖 3-3-2 所示。

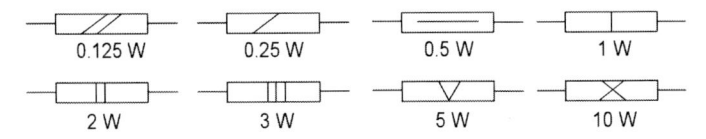

圖 3-3-2　電阻器額定功率電路符號

(六)電位器

電位器是常用的電子元件之一,種類較多,特性不同。電位器的阻值是可調的,它所用的材料與固定電阻器相同。每個電位器的外殼上都標有阻值,這是電位器的標稱值,它是指電位器的最大電阻值。常見的電位器有直線式(X型)、指數式(Z型)、對數式(D型)。三種形式的電位器其阻值隨活動觸點的旋轉角度變化的曲線如圖3-3-3所示。圖中縱坐標表示在某一角度時的實際電阻值占電位器總電阻值的百分比,橫坐標是旋轉角與最大旋轉角的百分比。

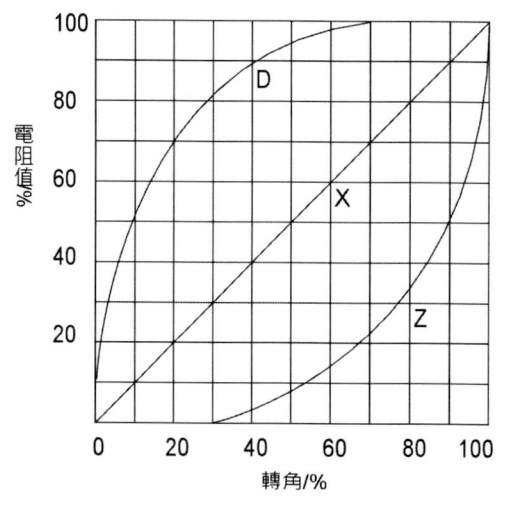

圖3-3-3　電位器旋轉角與實際阻值的變化關係

X型電位器其電阻值變化與轉角成直線關係,也就是電阻體上導電物質的分佈是均勻的,所以單位長度的阻值相等。它適用於一些要求均勻調節的場合,如分壓器、偏流調整等電路。

Z型電位器在開始轉動時阻值變化較小,而在轉角接近最大轉角一端時,阻值的變化比較顯著,適合於音量控制電路,因為人耳對較小的聲音稍有增加時,感覺很靈敏,但聲音大到某一值後,即使聲音功率有了較大的增加,人耳的感覺卻變化不大。因此,採用這種電位器做音量控制,可獲得音量與電位器轉角近似於線性的關係。

D型電位器的阻值變化與Z型正好相反,它在開始轉動時阻值變化很大,而在轉角接近最大值附近時,阻值變化就比較緩慢。它適用於音量控制等電路。

二、特殊電阻器及其在汽車上的應用

(一)熱敏電阻

熱敏電阻是一種用陶瓷半導體製成的電阻溫度係數很大的電阻體,在工作溫度範圍內,按陶瓷半導體的電阻與溫度的特性關係,熱敏電阻可分為三種類型,如圖3-3-4所示。

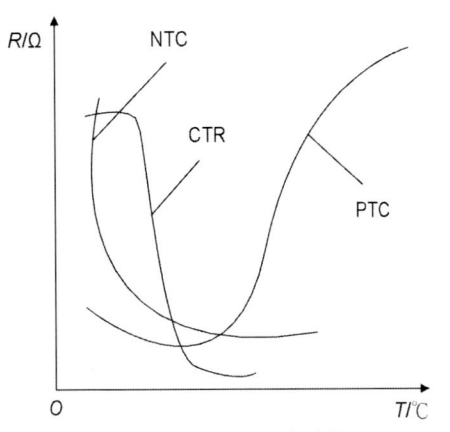

圖 3-3-4　熱敏電阻的溫度特性

1. 負溫度係數熱敏電阻(NTC)

其電阻值隨溫度升高而減小。這種電阻是由鎳、銅、鈷、錳等金屬氧化物按適當比例混合後，再高溫燒結而成的。現廣泛用於汽車發動機冷卻水溫度感測器、進氣溫度感測器、機油溫度感測器和空調溫度感測器中。

2. 正溫度係數熱敏電阻(PTC)

其電阻值隨溫度升高而按指數函數增加。這種電阻在汽車發動機、儀器、儀錶等測溫感溫部件中廣泛應用。

3. 臨界溫度係數熱敏電阻(CTR)

其電阻值隨溫度升高而按指數函數減小。

現以轎車冷卻液溫度感測器為例來瞭解熱敏電阻。轎車冷卻液溫度感測器用一個負溫度係數的熱敏電阻作為檢測元件。當冷卻液溫度升高時，感測器的電阻值隨之減小；反之，當冷卻液溫度降低時，感測器的電阻值增大。轎車的冷卻液溫度感測器電阻與溫度的關係見表 3-3-2。

表 3-3-2　轎車冷卻液溫度感測器電阻與溫度的關係

溫度/℃	-20	0	60	80	100	120
電阻/Ω	15080	5800	603	327	187	114

熱敏電阻式溫度感測器，具有體積小、靈敏度高、安裝簡單、價格低廉的特點。因此，在汽車電子控制系統中，這種溫度感測器是應用最廣泛的感測器之一。

(二)光敏電阻

光敏電阻是利用半導體光電效應製成的一種特殊電阻，對光線十分敏感，它的電阻值能隨著外界光照強弱(明暗)變化而變化。它在無光照射時，呈高電阻值狀態；當有光照射時，其電阻值迅速減小。汽車中的光電式光量感測器中就採用了光敏電阻——硫化鎘(CdS)光導電元件，應用了光照強度能引起電阻值變化的特性。當光線照射硫化鎘(CdS)時，若周圍環境暗時則電阻值大，若周圍環境亮時電阻值則變小。光電式光量感測器通過硫化鎘(CdS)光導電元件，將周圍光照的變化轉換為電阻值的變化，並以電信號的形式輸入給控制器。光導電元件硫化鎘特性如圖 3-3-5 所示。

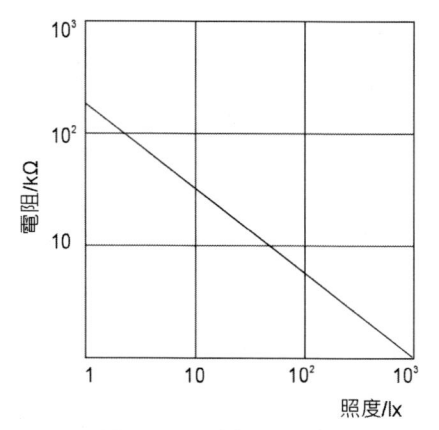

圖 3-3-5　硫化鎘的特性

　　光電式光量感測器在汽車上可用於各種燈具亮、熄的自動控制。光電式光量感測器的結構如圖 3-3-6 所示。在該感測器中，光導電元件硫化鎘為多晶矽結構，在感測器中把硫化鎘做成曲線形狀，目的是增大與電極的接觸面積，從而提高該感測器的靈敏度。燈光控制器安裝在儀錶板的上方，到傍晚時，它使尾燈點亮，當天色變得更暗時，前照燈被點亮。當對方來車時，還具有變光功能，這些都是自動完成的。

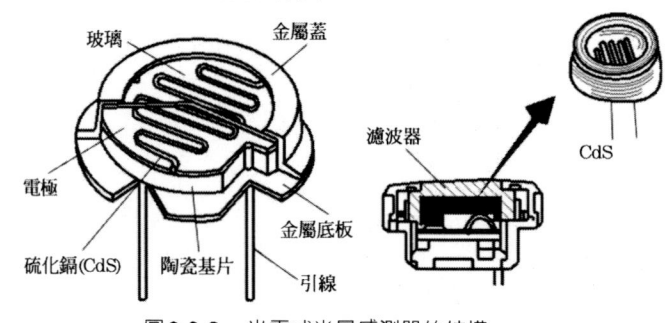

圖 3-3-6　光電式光量感測器的結構

三、電容

(一)電容元件及其特性

　　電容元件是從實際電容器抽象出來的電路模型。實際電容器通常由兩塊金屬板中間充滿介質構成，電容器加上電壓後，兩塊極板上將出現等量異種電荷，並在兩極間形成電場，儲存電荷和電場能。電容器極板上儲存的電荷量 q 與外加電壓 u 成正比，即

$$C = \frac{q}{u}$$

式中：C——電容，是表徵電容元件特性的參數。在國際單位制裡，電容的單位是法拉，簡稱法，符號是 F。由於法拉這個單位太大，所以常用的電容單位有毫法(mF)、微法(μF)、納法(nF)和皮法(pF)等。

換算關係是：

1 法拉(F) = 10^3 毫法(mF) = 10^6 微法(μF)

1 微法(μF) = 10^3 納法(nF) = 10^6 皮法(pF)

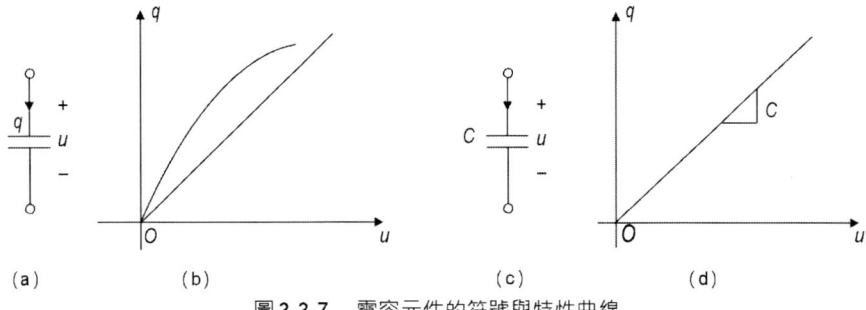

圖 3-3-7　電容元件的符號與特性曲線

其特性曲線是通過座標原點一條直線的電容元件稱為線性電容元件，否則稱為非線性電容元件。

線性時不變電容元件的符號與特性曲線如圖 3-3-7(c)和(d)所示，它的特性曲線是一條通過原點不隨時間變化的直線，其數學運算式為 $q=Cu$。

(二)電容器的標稱方法

1.直標法

就是在電容器的表面上直接標出容量大小和耐壓值。如某電容"CD11- 10 μF 25 V"：該電容為電解電容，容量為10 μF，耐壓25 V。

2. 文字符號法

用 2~4 位元數位與字母混合表示電容容量，字母有時表示小數點(字母放在數位中間)。例：2p2表示容量為2.2 pF，1F2表示容量為1.2 F，15 p表示容量為15 pF。

3. 三位數標記法

前兩位數表示有效數字，第三位表示有效數字後面零的個數，它們的單位都是 pF。例：103表示容量為10000 pF，201表示容量為200 pF，683表示容量為68000 pF，104表示容量為100000 pF。

4.色標法

和電阻的表示方法相同，單位一般為 pF。小型電解電容器的耐壓也有用色標法的，位置靠近正極引出線的根部，所表示的意義見表 3-3-3：

表3-3-3　電容器的色標法

顏色	黑	棕	紅	橙	黃	綠	藍	紫	灰
耐壓	4 V	6.3 V	10 V	16 V	25 V	32 V	40 V	50 V	63 V

(三)電容器的兩個重要特性

(1)阻隔直流電通過而允許交流電通過的特性。

(2)充電和放電特性。

①電容器的充電。充電過程中，隨著電容器兩極板上所帶的電荷量的增加，電容器兩端電壓逐漸增大，充電電流逐漸減小，當充電結束時，電流為零，電容器兩端電壓等於電源電壓。

②電容器的放電。放電過程中，電路中的電流從最大逐漸變成零，電容器兩端的電壓從最大慢慢變成零。

(四)電容器的額定直流工作電壓

額定直流工作電壓指線上路上能夠長期可靠地工作而不被擊穿時所能承受的最大直流電壓(又稱耐壓)。額定直流工作電壓的大小與介質的種類和厚度有關。如果電容器用在交流電路中,則應注意所加的交流電壓的最大值不能超過額定直流工作電壓。

電容器所承受的電壓不能超過額定電壓。在汽車上,雖然蓄電池的電壓是12 V,但有些電路上有超過300 V的高電壓,因此選用電容器時要認真研究工作狀態,選用額定電壓有足夠餘量的電容,當環境溫度很高時,電容器會加速老化,所以在可靠性有要求的部件上,一般要選用雲母、聚酯電容器。

(五)電容器在汽車上的典型應用

電容器是廣泛應用於汽車電氣系統的電路元件之一,用於隔直流、耦合交流、旁路交流、濾波、定時和組成振盪電路等。

1. 電容式中控門鎖系統

電容式中控門鎖電路如圖3-3-8所示。其工作原理是:正常狀態時,蓄電池給電容器C_1充電,其電路為蓄電池→熔斷器 2→電阻 R_1→電容器 C_1→搭鐵→蓄電池負極。

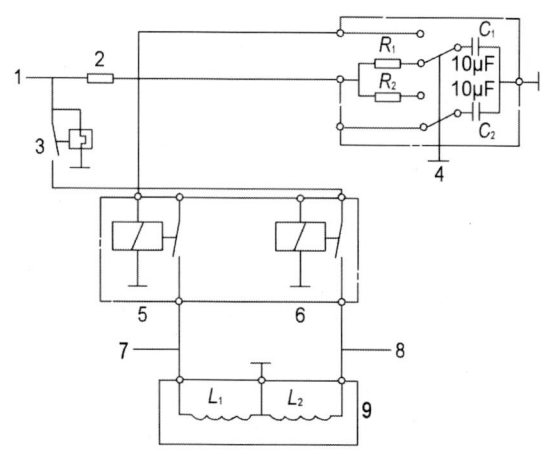

1-接蓄電池;2-熔斷器;3-熱敏斷電器;4-門鎖開關;5-鎖門繼電器;6-開門繼電器;
7-接其他門鎖(鎖);8-接其他門鎖(開);9-門鎖執行器

圖3-3-8 電容式中控門鎖電路

(1)車門鎖定。當按下門鎖開關4時,電容器C_1放電,使鎖門繼電器5有電流通過,繼電器觸點閉合;此時,門鎖執行器L_1的電路接通而動作,通過操縱機構將車門鎖定。當電容器C_1放電到一定程度時,鎖門繼電器線圈斷電,門鎖執行器的電路被切斷。另外,當按下門鎖開關4時,電容器C_2開始充電。

(2)車門開鎖。當按回鎖開關4後,電容器C_2放電,使開門繼電器6有電流通過,繼電器觸點閉合;此時,門鎖執行器L_2的電路接通而動作,通過操縱機構將車門開啟。當電容器C_2放電到一定程度時,開門繼電器線圈斷電,門鎖執行器的電路被切斷。另外,當按回門鎖開關時,電容器 C_1 開始充電,回到原始狀態。

2. 電容式閃光器

電容式閃光器主要由繼電器和電容器組成。電路結構如圖 3-3-9 所示。繼電器鐵芯上繞有串聯線圈3和並聯線圈4，電容器是大容量電解電容器5(約1500 μF)。電容式閃光器是根據電容器充電、放電特性使繼電器串聯線圈和並聯線圈的電磁力時而相加、時而相減，致使觸點2週期性地開和閉，從而使轉向信號燈和轉向指示燈閃爍。

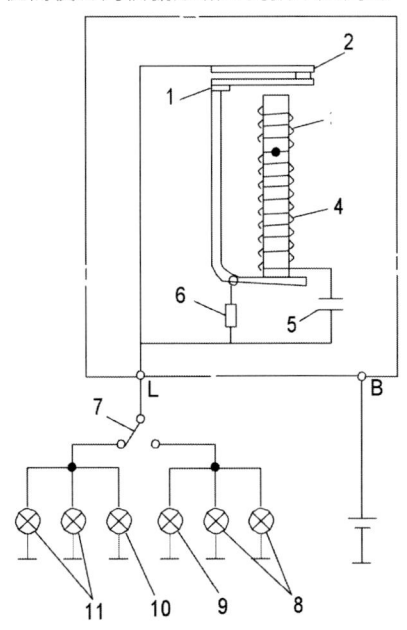

1-彈簧片 2-觸點 3-串聯線圈 4-並聯線圈 5-電容器 6-滅弧電阻 7-轉向燈開關；
8-右轉向信號燈 9-右轉向指示燈 10-左轉向指示燈 11-左轉向信號燈

圖 3-3-9　電容式閃光器電路

四、電感

(一) 電感元件及其特性

電感元件是從實際電感線圈抽象出來的電路模型。當電感線圈通過電流時，將產生磁通，在其內部及周圍建立磁場，儲存磁場能量。當忽略導線電阻、線圈匝與匝之間的電容時，可將其抽象為只具備儲存磁場能量性質的電感元件。電感上的磁鏈與電流成正比，即：

$$L = \frac{\varphi}{i}$$

式中　L——電感，是表徵電感元件的特徵參數。

電感的單位是亨利(H)，也常用毫亨(mH)或微亨(μH)做單位。1 H=10^3 mH，1 H=10^6 μH。

如圖 3-3-10 所示，當純電感電路中有交變電流通過時，根據電磁感應定律，線圈 L 上將產生自感電動勢，其運算式為：

$$e_L = -L\frac{di}{dt}$$

其電動勢 e_L 與端電壓 u 總是大小相等,方向相反。即：

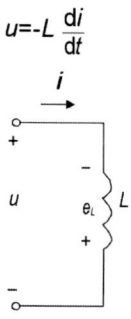

$$u=-L\frac{di}{dt}$$

圖 3-3-10　電感元件

電感元件兩端的電壓與電流對時間的變化率成正比。電流變化越快,電感元件產生的自感電動勢越大,與其平衡的電壓也越大。當電感元件中流過穩定的直流電流時,因 $e_L=0$,故 $u=0$,這時電感元件相當於短路。

將上式兩邊乘上 i 並積分,可得電感元件中儲存的磁場能量為：

$$W_L(t)=\frac{1}{2}Li^2(t)$$

上式說明,電感元件在某一時刻儲存的磁場能量,只與該時刻流過的電流的平方成正比,與電壓無關。電感元件不是消耗能量,是儲能元件。

(二)電感元件的標稱方法

為了表明電感器的不同參數,便於在生產,維修時識別和應用,常在小型固定電感器的外殼上塗上標誌,其標誌方法有直標法,色標法和數碼法三種。

1. 直標法

電感量用數位直接標注,用字母表示額定電流,用Ⅰ、Ⅱ、Ⅲ表示允許誤差。其表示方法見表 3-3-4。

表 3-3-4　電感量用數字直接標注

字母	A	B	C	D	E
意義	50 mA	150 mA	300 mA	0.7 A	1.6 A

例如,C、Ⅱ 330 uH 表示標稱電感量為 330 uH 最大工作電流 300 mA 允許誤差為±10%。

2. 色標法

色標法是指在電感器的外殼塗上各種不同顏色的環,用來標注其主要參數。第一條色環表示電感量的第一位有效數字,第二條色環表示第二位有效數字,第三條色環表示倍乘數,第四條表示允許偏差。數字與顏色的對應關係和色環電阻標注法相同。

例如,某電感器的色環標誌分別為色環顏色棕、黑、金、金的電感器的電感量為 1 mH 誤差為±5%。

3. 數碼法

用拼音字母表示，如LGX型，表示小型高頻電感線圈；用字母和阿拉伯數字並列組成，如固定電感線圈LG1系列標注方法中LG1-B-560 μH10，表示LG1型號，最大工作電流組別為B，標稱電感量為560 μH，允許誤差為±10%。

(三)電感的作用

(1)作為濾波線圈阻止交流干擾(隔交通直)。

(2)可起隔離作用。

(3)與電容組成諧振電路。

(4)構成各種濾波器、選頻電路等，這是電路中應用最多的方面。

(5)利用電磁感應特性製成磁性元件，如磁頭和電磁鐵。

(6)製成變壓器傳遞交流信號，並實現電壓的升降。

在電子線路中，電感線圈有通直流阻交流、通低頻阻高頻、變壓、傳送信號等作用，它與電阻器或電容器能組成高通或低通濾波器及諧振電路等，變壓器可以進行交流耦合、變壓、變流和阻抗變換等。

電感在電路中最常見的作用就是與電容一起組成LC濾波電路。我們已經知道，電容具有"阻直流 通交流"的本領，而電感則有"通直流 阻交流"的功能。如果把伴有許多干擾信號的直流電通過LC濾波電路，如圖3-3-11所示，那麼，直流干擾信號將被電容變成熱能消耗掉；變得比較純淨的直流電流通過電感時，其中的交流干擾信號也被變成磁感和熱能，頻率較高的最容易被電感阻抗，這就可以抑制較高頻率的干擾信號。

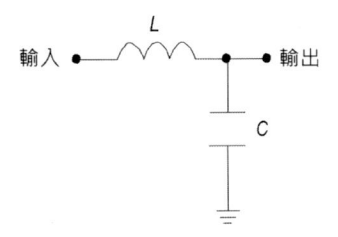

圖3-3-11 濾波電路

(四)電感在汽車上的典型應用

在車內，尾燈、牌照燈及停車燈的燈絲是否斷開是無法確認的，而電流感測器就可用於檢測這類燈具的燈絲是否斷開。舌簧開關式電流感測器的原理是：在電流線圈的周圍繞有電壓線圈，在線圈的中央設置舌簧開關。電壓線圈的功能是防止電壓變化時引起感測器的誤動作。

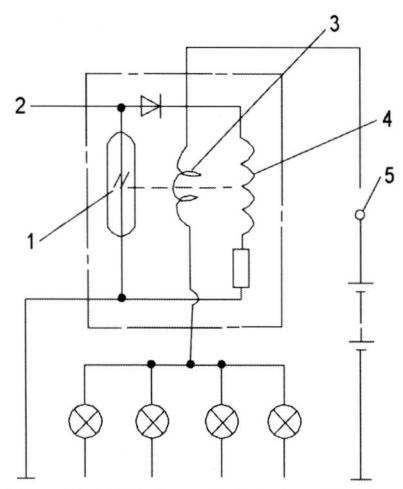

1-舌簧開關 ;2-至微機端子 ;3-電流線圈 ;4-電壓線圈 ;5-開關
圖3-3-12　舌簧開關式電流感測器

舌簧開關式電流感測器的電路如圖3-3-12所示。當圖中所示開關閉合時,因為電流線圈3中有額定的電流流過,所以在電流線圈所形成的電磁力的作用下,舌簧開關閉合,當有一個燈絲斷開時,電流線圈中的電流減小,電磁力減弱,舌簧開關打開,報警處於異常狀態。這樣,利用舌簧開關的通斷就可以發出燈絲是否正常的信號。

【任務實施】

一　準備工作

(1)所需設備、工具和材料。電源、導線、電阻。
(2)安全防護用品。標準作業裝、安全鞋、線手套等。

二　技術規範與注意事項

(1)嚴禁違規操作。
(2)使用維修手冊和電路圖時,要注意避免殘缺不全,資料應與使用車輛型號相對應。
(3)要遵守維修手冊規定的其他技術和安全要求。

三　任務實施步驟及方法

(1)一般準備工作。
①清點所需工具、量具數量和種類。
②檢查設備、工具、量具性能是否良好。

(2)電阻在電路中消耗能量,電氣線路中為什麼還使用電阻?電容和電感儲存能量,電氣線路中為什麼也使用電容和電感?你能總結它們的作用嗎?

(3)現場恢復。
①收回 清點 整理工具 量具及設備。
②與小組成員共同清潔場地。

【任務檢測】

1. 電容器為什麼能夠隔直流 通交流呢?你可以上網查閱相關的資料。

2. 請你查閱資料,分析一下汽車上節氣門位置感測器的工作原理。

3. 請你查閱資料,分析一下汽車上的冷卻液溫度感測器的工作原理。

【評價與回饋】

序號	考核項目	分值	考核內容	配分	考核標準	得分
1	出勤 紀律	5分	出勤	2分	違規一次不得分	
			行為規範	3分	違規一次不得分	
2	安全 防護、環保	20分	著裝	2分	違規一次不得分	
			個人防護	3分	違規一次不得分	
			"5S" "EHS"	5分	違規一次不得分	
			設備使用安全	5分	違規一次不得分	
			操作安全	5分	違規一次不得分	
3	任務檢測	20分	任務測驗成績	20分	測驗成績的 20%計	
4	技能考核	35分	技能測驗成績	35分	測驗成績的 35%計	
5	學習能力	10分	工單填寫·工藝計畫制訂	4分	未做不得分	
			組內活動情況	5分	酌情扣分	
			資料查閱和收集	1分	未做不得分	
6	任務拓展	10分	知識拓展任務	2分	未做不得分	
			技能拓展任務	8分	未做不得分	
	總分	100分				

【教師評估】

序號	優點	存在問題	解決方案

教師簽字：

【學習後記】

項目四 磁電路及車用電磁元件的認知

任務一 認知磁電路及變壓器

【任務目標】

目標類型	目標要求
知識目標	(1)能描述磁場的產生原理 (2)能敘述磁場感應電流的產生原理
技能目標	(1)能分析磁場的基本物理量 (2)能測量磁場電路
情感目標	(1)養成嚴謹的工作作風 (2)具有安全操作意識

【任務描述】

當我們給線圈通電時，線圈會產生磁性，當我們把線圈放在磁場中旋轉時，線圈會產生電流。

【知識準備】

一 磁場與磁感線

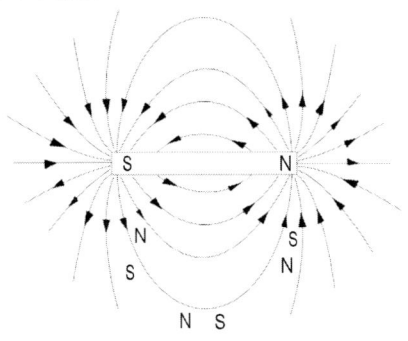

磁場是一種無形的場，它存在於磁鐵和通電的導體周圍，磁場具有力和能的性質，是一種不是由分子和原子構成的特殊物質。為了形象地描述磁場的強弱和方向，人們想像出磁感線(也稱磁力線)，如圖 4-1-1 所示。

圖 4-1-1　磁感線示意圖

人們規定:磁感線在磁體外部由 N 極指向 S 極 在磁體內部由 S 極指向 N 極。這樣磁感線在磁體內外就形成了一條條不相交的閉合曲線。曲線上任何一點的切線方向(小磁鍼在該點靜止後的指向)就是該點的磁場方向 如圖 4-1-2 所示。

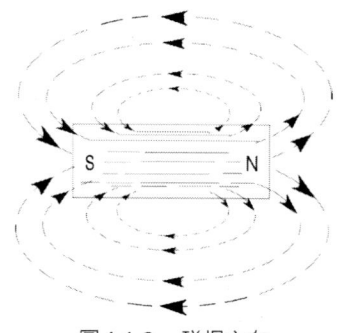

圖 4-1-2　磁場方向

磁感線在磁極附近最密 這表明磁場最強。在現實中 還存在一種磁場如圖 4-1-3 所示 其為內部各點的磁場強弱和方向都相同的均勻磁場。

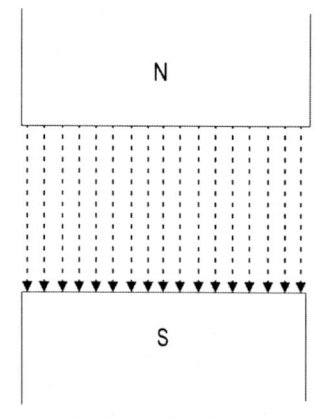

圖 4-1-3　均勻磁場

二、磁感應強度

磁場中垂直穿過單位面積上磁感線的條數叫作該面積所處的磁感應強度 又叫磁通密度 是用來描述磁場內某點的磁場強弱和方向的物理量 通常用字母 B 來表示。

$$B = \frac{F}{I \Delta L}$$

磁感應強度的單位是 T(特斯拉 簡稱特)。一個特斯拉的磁感應強度定義是:把一根長度為 1 m 的直導線 放置在和磁感應強度垂直的位置上 導線中通以 1 A 的電流時 導線將受到 1 N 的磁場作用力 這時的磁感應強度叫 1 T 即

$$1\,T = 1\,\frac{N}{A \cdot m}$$

磁感應強度是向量 它不但能表示磁場中某點的磁場強弱 而且能表示出該點的磁場方向。規定:磁場中某點磁感應強度的方向就是該點的磁場方向。如果磁場中 各點的磁感應

強度大小相等，方向相同，這樣的磁場叫均勻磁場，又叫作勻強磁場。蹄形磁鐵兩極中間空間的磁場可以近似地看作均勻磁場。

三、磁通量

磁感應強度和與它垂直的某一截面積 S 的乘積，叫作通過該面積的磁通量，換言之，磁場中穿過某一面積磁感線的條數叫作穿過該面積截面的磁通量，簡稱磁通，用 Φ 來表示。對於均勻磁場，因 B 為常數，則有：

$$\Phi = BS$$

四、磁導率

磁感線通過不同媒介質的能力是不同的。為了表徵物質導磁的性能，我們引入了磁導率這個物理量，用字母 μ 表示，單位是 H/m（亨利每米），磁導率越大，物質的導磁能力越強。實驗測得，真空的磁導率 $\mu_0 = 4\pi \times 10^{-7}$ H/m。因為 π 是一個常數，所以其他介質的磁導率都和 μ_0 相比較，它們的比值稱為該介質的相對磁導率，用 μ_r 表示，則有：

$$\mu_r = \frac{\mu}{\mu_0}$$

五、磁場強度

當考慮媒介質對磁場的影響後，會使磁場的計算變得複雜。為便於計算，我們引入磁場強度這個物理量，用它來確定磁場和電流之間的關係，用字母 H 來表示。如圖 4-1-4 所示環形線圈中的磁場強度的方向就是線圈中磁場的磁力線方向，磁場強度的大小可以表示為：

$$H = \frac{IN}{l}$$

其中 H 為磁場強度，I 為勵磁電流，N 為勵磁線圈的匝數，l 為測試樣品的有效磁路長度。

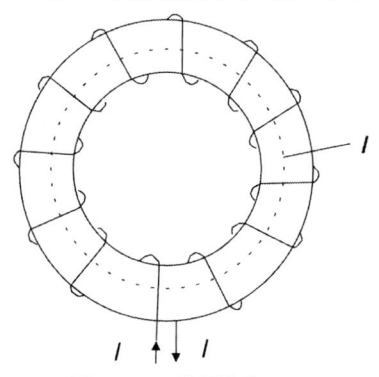

圖 4-1-4　磁場強度

六、電流的磁效應

(一) 電流的磁場

丹麥物理學家奧斯特於 1819 年發現，電流的周圍存在著磁場。電流是產生磁場的根本原因。電流和磁場有著不可分割的聯繫，磁場總是伴隨著電流而存在的，電流則永遠被磁場所包圍，磁場是由電流產生的。我們把電流產生磁場的現象稱作電流的磁效應。如圖 4-1-5(a)所示，將小磁鍼放在通電直導體的下方，小磁鍼會轉動，並停止在垂直於直導體的位置上。如果切斷直導體中的電流，小磁鍼又恢復到指南北的位置；若改變電流的方向，小磁鍼會反向轉動。上述實驗表明，通電導體的周圍存在著磁場，這個磁場與小磁鍼相互作用而使小磁鍼轉動。如圖 4-1-5(b)所示，在載流直導體周圍撒上鐵屑，由於通電導體產生磁場，所以鐵屑形成了以通電導體為圓心的許多同心圓環。

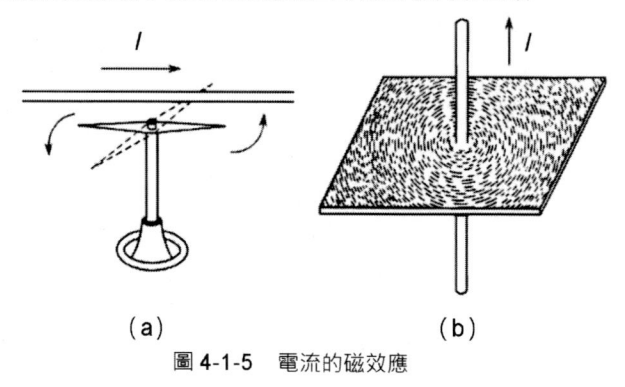

(a)　　　　　　　　　　(b)

圖 4-1-5　電流的磁效應

(二)安培定則

1. 通電直導體的磁場

電流通過直導體時，導體周圍產生磁場，其磁感線的分佈是在垂直於導體的平面內，以導體為軸心的一組同心圓。其磁場方向可用安培定則也稱右手螺旋定則來判斷，用右手握住通電直導體，讓拇指指向電流的方向，則彎曲四指的指向就是磁感線的方向，如圖 4-1-6 所示。

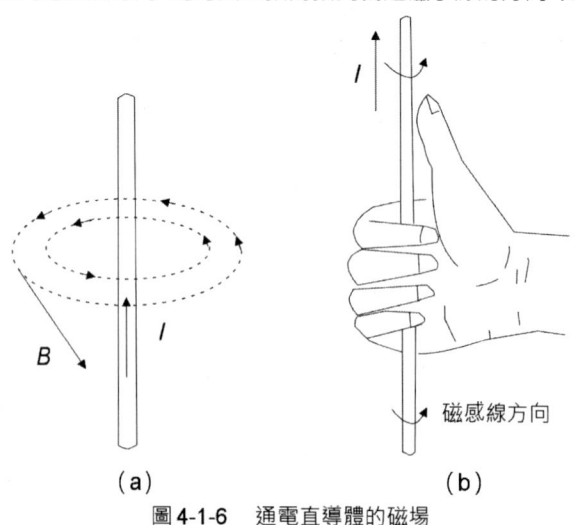

(a)　　　　　　　　　　(b)

圖 4-1-6　通電直導體的磁場

實驗證明，通電直導體周圍各點磁場的強弱與導體中電流的大小成正比，與該點到導體的垂直距離成反比。

2.通電螺線圈的磁場

把直導線繞成螺線管線圈,並通入電流,結果通電線圈產生的磁場類似於條形磁鐵的磁場,它是穿過螺線管橫截面的閉合曲線。通電螺線圈中產生的磁場方向和電流方向也可用安培定則來判定:用右手握住線圈,讓四個彎曲手指的方向和電流的方向一致,那麼大拇指所指的方向就是線圈內部磁力線的方向,即 N 極的指向。通電螺線圈和條形磁鐵一樣,也存在著兩個磁極,在線圈外部磁感線是從 N 極到 S 極,在線圈內部磁感線是從 S 極到 N 極,如圖 4-1-7 所示。

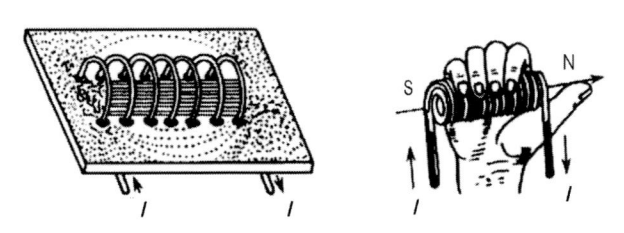

圖 4-1-7　通電螺線圈的磁場

實驗證明,通電線圈磁場的強弱與線圈的匝數和通過線圈的電流成正比。增加線圈的匝數,磁感線密度隨之增高,如圖 4-1-8 所示。

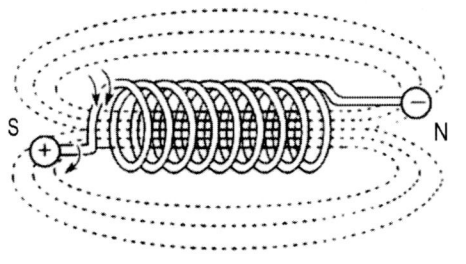

圖 4-1-8　線圈匝數與磁感線密度關係

七、磁路歐姆定律

(一)磁路

磁通(磁感線)集中通過的閉合路徑稱為磁路。在電氣設備中,為了獲得較強的磁感應強度,常常把磁通集中到一定形狀的路徑中。形成磁路的最好方法是用鐵磁材料做成各種形狀的鐵芯,使磁感線在鐵芯中形成閉合回路。圖 4-1-9 所示就是幾種電器的磁路。

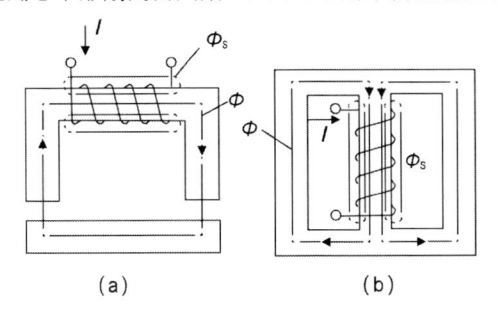

(a)　　(b)

(c)　　　　　　　　　　(d)

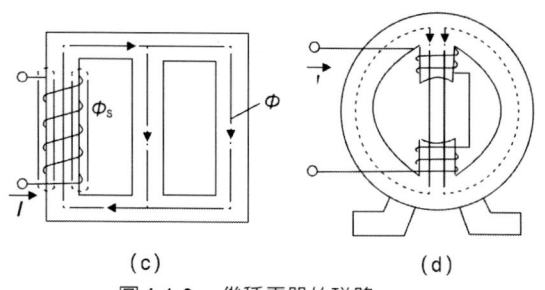

圖 4-1-9　幾種電器的磁路

(二)磁路歐姆定律

如圖 4-1-10 所示,在截面積為 S 的口字形鐵芯上繞有一組線圈,形成無分支磁路。

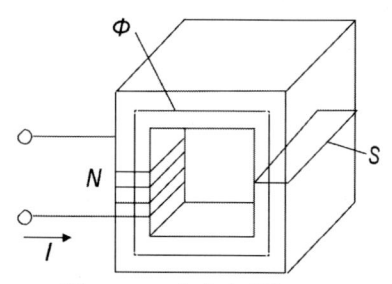

圖 4-1-10　無分支磁路

磁路中的磁通與產生磁通的磁源(磁通勢)成正比,與磁路對磁通的阻礙作用(磁阻)成反比,這就是磁路歐姆定律。即:

$$\Phi = \frac{IN}{l/\mu S} = \frac{F}{R_m}$$

其中 F 為磁通勢, R_m 為磁阻。

八、磁場對電流的作用

(一)磁場對通電直導體的作用

如圖 4-1-11 所示,在蹄形磁鐵中懸掛一根直導體 AB,並使導體垂直於磁感線,導體兩端分別連接於蓄電池的兩個極樁上。未通電時,導體是靜止的。如果接通電源,導體就向一邊運動,最後到達一個新的位置 A´B´ 而平衡下來;若改變電流方向或對調磁極,導體將向另一邊運動。這說明通電導體在磁場中將受到作用力,這種作用力叫磁場力。

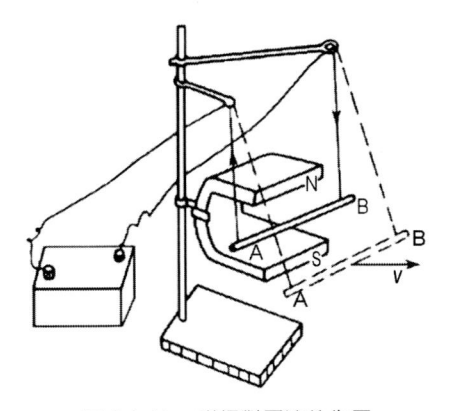

圖 4-1-11　磁場對電流的作用

實驗證明：在均勻磁場中，通電直導體受到電磁力 F 的大小與磁感應強度 B 成正比，與導體中的電流成正比，與導體在磁場中的有效長度 L 成正比。即：

$$F=BIL$$

實驗還進一步證明：當導體與磁感應強度方向垂直時，導體所受的電磁力最大；平行放置時不受力。若直導體與磁感應強度的方向有夾角 α 時，如圖 4-1-12 所示。

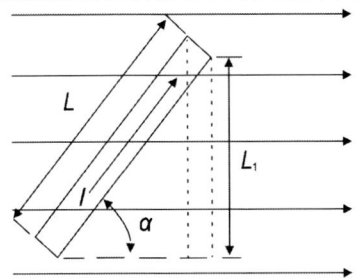

圖 4-1-12　直導體與磁感應強度方向成一夾角

可將導體分解出與 B 垂直的分量 L_1，因 $L_1=L\sin\alpha$，所以：

$$F=BIL\sin\alpha$$

載流直導體在磁場中的受力方向，可用左手定則來判斷。具體方法是：將左手伸平，拇指與四指垂直，讓磁感線垂直穿過手心，四指指向電流的方向，則拇指所指的方向就是導體的受力方向，如圖 4-1-13 所示。

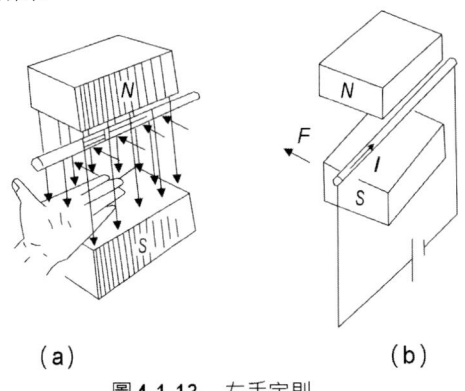

(a)　　　　　　　　(b)

圖 4-1-13　左手定則

(二)磁場對通電線圈的作用

如圖4-1-14(a)所示,在均勻磁場中放置一個可繞軸轉動的通電矩形線圈abcd。已知:ad=bc=L_1,ab=cd=L_2,當線圈平面與磁感線平行時,因ab邊與cd邊與磁感線平行,所以電磁力為零,而ad邊和bc邊與磁感線垂直,所受電磁力最大,而且$F_1=F_2=BIL_1$。此時,受電磁力作用的兩個邊稱為有效邊。根據左手定則可知:兩條有效邊的受力方向正好相反,ad邊向上,bc邊向下,且不作用在一條直線上,因而形成一對力偶,使線圈繞軸oo′做順時針方向轉動。轉矩等於力偶中的任意一個力與力偶臂的乘積,因而圖4-1-14(a)中,矩形線圈的轉矩為:

$$M=F_1L_2=BIL_1L_2=BIS$$

(a)

(b)

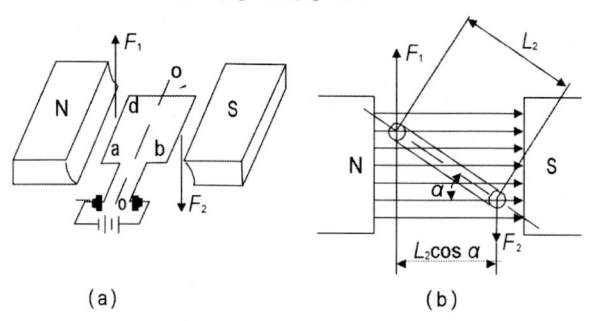

圖4-1-14　磁場對通電線圈的作用

(三)磁場對通電半導體的作用(霍爾效應)

如圖4-1-15所示,把一塊半導體基片(霍爾元件)放在磁場中。當在與磁場垂直的方向上通以電流時,則在與磁場和電流相垂直的另外橫向側面上產生電壓。這一現象是美國物理學家霍爾於1879年發現的,因此命名為霍爾效應。

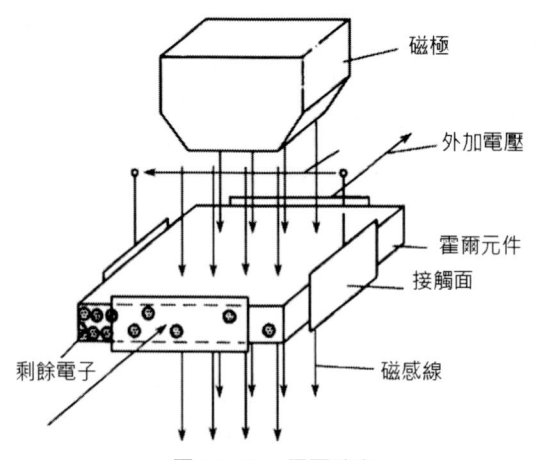

圖4-1-15　霍爾效應

實驗證明:霍爾效應中產生的電壓U_H(霍爾電壓)的大小與通過半導體基片的電流I和磁場的磁感應強度B成正比,與基片的厚度d成反比,即:

$$U_H=\frac{R_H}{d}IB$$

九、電磁感應

(一)電磁感應現象及其產生的條件

英國科學家法拉第在大量實驗的基礎上，於 1831 年發現了磁生電的重要事實及其規律——電磁感應定律。下面我們來看兩個典型的電磁感應實驗。

【實驗一】在圖 4-1-16 所示的均勻磁場中放置一根直導體 AB，導體兩端連接一個靈敏電流計 G。當導體垂直於磁感線做切割運動時，可以明顯地觀察到電流計的指標偏轉。當導體靜止不動或平行於磁感線方向運動時，電流計的指標不轉。

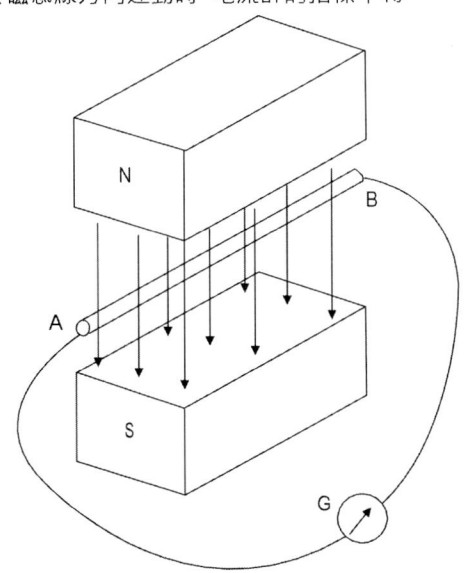

圖 4-1-16　導體運動的電磁感應現象

【實驗二】如圖 4-1-17 所示，空心線圈兩端連接靈敏電流計 G，當條形磁鐵迅速插入線圈時，我們會觀察到電流計的指標偏轉。如果條形磁鐵在線圈內靜止不動，電流計指針也不轉；如果將條形磁鐵由線圈中迅速拔出，會看到電流計的指針反向偏轉。

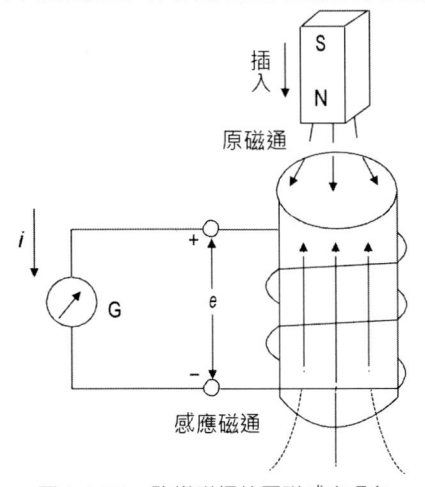

圖 4-1-17　改變磁場的電磁感應現象

上述兩個實驗證明:當導體切割磁感線運動或者線圈中的磁通發生變化時,在導體或線圈的閉合回路中就會有電流產生。

(二)電磁感應定律

1. 楞次定律

俄國物理學家楞次經過大量實驗,於 1834 年發現了判定感應電流方向的重要定律——楞次定律,楞次定律又稱電磁慣性定律。其內容是:感應電流產生的磁通總是企圖阻礙原磁通的變化。應該注意的是:感應電流產生的磁通只是企圖阻礙原磁通的變化,而不是阻礙原磁通的存在。

用楞次定律判斷感應電流(電動勢)方向的步驟如下:
(1)首先確定原磁通的方向及其變化的趨勢(是增加還是減少)。
(2)根據楞次定律確定感應磁通的方向,與原磁通同向還是反向。
(3)根據感應磁通的方向,應用安培定則判斷出線圈中感應電流(電動勢)的方向。

2. 法拉第電磁感應定律

楞次定律給出了當回路中的磁通量發生變化時判定感應電流(電動勢)方向的方法,而法拉第電磁感應定律則給出如何計算感應電動勢的大小。法拉第通過大量實驗總結出:線圈中感應電動勢的大小與線圈中磁通的變化率和線圈的匝數成正比。這就是法拉第電磁感應定律,其數學運算式為:

$$e = \left| -N \frac{\Delta \Phi}{\Delta t} \right|$$

公式中的負號表示感應電流產生的磁通總是企圖阻礙原磁通的變化。實際中判斷感應電動勢的方向還是安培定則更方便,公式只用來計算感應電動勢的大小。
實驗還證明:在均勻磁場中,做切割磁感線運動的直導體,其感應電動勢的計算公式為:

$$e = BLv\sin\alpha$$

(三)自感現象

只要線圈中的磁通發生變化,就會產生感應電動勢。根據線圈中磁通變化的原因,可以把電磁感應現象分為自感和互感兩種形式。

【實驗一】在圖 4-1-18 所示電路中,H_1、H_2 是兩隻完全相同的小燈泡,R 為電阻,L 是有鐵芯的線圈,並且選擇線圈的電阻和 R 相等。當開關 S 閉合時,燈泡 H_2 立即亮起來,而燈泡 H_1 卻逐漸變亮。其原因是:通過線圈 L 中電流的增加,將引起通過線圈內磁通量的增加,根據楞次定律可知,線圈中將產生感應電流,感應電流的方向阻礙線圈中原磁通量的增加,它和原電流方向相反,使通過燈泡 H_1 的電流不能立即增大,H_1 不能立即亮起來。

圖 4-1-18　自感現象

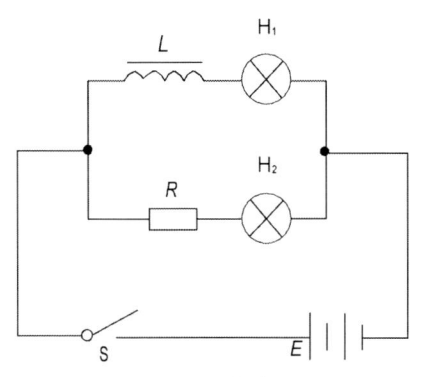

【實驗二】在圖4-1-19所示電路中，當開關S閉合後，H₁、H₂立即變亮，H₁亮一下後便逐漸熄滅，隨著H₁熄滅，H₂比原來更亮。當S關斷時，H₂立即熄滅，而H₁突然亮一下後再逐漸熄滅。這是因為 S 關斷電路時，流過線圈中的電流突然減少，將引起通過線圈 L 的磁通量的減小。據楞次定律可知線圈中將產生感應電動勢，由感應電動勢產生的感應電流將通過燈泡H₁，所以H₁突然亮一下再熄滅。

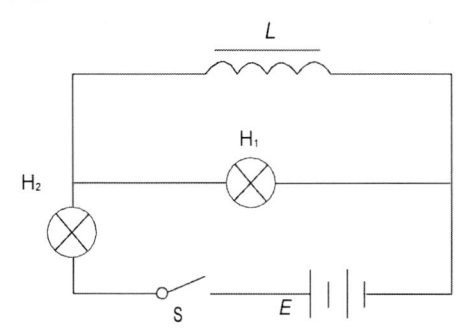

圖 4-1-19　自感現象

楞次定律告訴我們：自感電動勢總是阻礙原電流的變化。當線圈中電流 i 增大(減小)時，自感電動勢的方向與原電流方向相反(相同)，如圖4-1-20所示。

(a)　　　　　　　　　(b)

圖 4-1-20　自感電動勢的方向

實驗證明：自感電動勢的大小與線圈中電流的變化率成正比，即：

$$e_L = \left| -L \frac{\Delta i}{\Delta t} \right|$$

(四)互感現象

所謂互感，就是由於一個線圈中電流的變化而使另一個線圈產生感應電動勢的現象。這個感應電動勢稱為互感電動勢，用 e_m 表示。

互感電動勢的方向也可用楞次定律來判定,其具體方法是：
(1)根據線圈1中電流的方向,確定線圈2中互感磁通的方向。
(2)根據線圈1中電流變化的趨勢,確定通過線圈2中互感磁通的變化趨勢。
(3)根據楞次定律判斷線圈2中感應磁通的方向。
(4)根據安培定則判斷互感電流(電動勢)的方向。

當互感線圈的幾何尺寸、磁路性質等參數確定之後,互感電動勢的大小與另一線圈中電流的變化率成正比,即：

$$e_{m_2} = \left| -M \frac{\Delta i}{\Delta t} \right|$$

互感電動勢的方向不僅與磁通變化的趨勢有關,而且還與線圈的繞向有關。為此,引入了同名端的概念。所謂同名端,就是指由於互感線圈的繞向一致而使其感應電動勢極性一致的接線端。

如汽車點火線圈便利用了互感原理,由於一次繞組磁場的迅速變化,二次繞組便產生高電壓,如圖 4-1-21 所示。

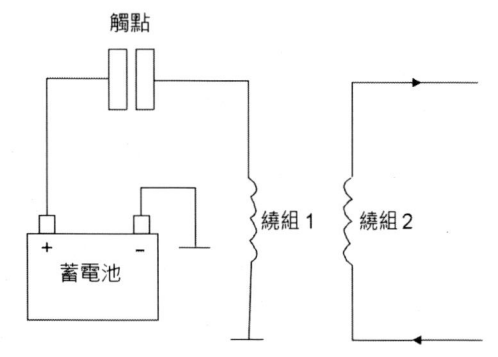

圖 4-1-21　汽車點火線圈的互感原理

互感現象在電工、電子技術中經常遇到。如變壓器、電動機都是利用互感原理工作的。互感有時也有害,若線圈位置安排不當所產生的磁場就會相互干擾,因此必須抑制電磁干擾。

十、常用電磁器件

(一)開關

開關是電路中最常用的部件,它能控制電路的通斷或引導電流到各個電路。開關的觸點閉合時便通過電流,斷開時便切斷電流。常開式開關處於原始位置時為斷開狀態,只有受到外力作用時才會閉合;常閉式開關則正好相反。有些電氣系統也採用單刀雙擲開關,如汽車前照燈的變光開關。此種開關有一個輸入端和兩個輸出端,電壓加至遠光電路或加至近光電路,由觸點的位置決定,如圖 4-1-22 所示。

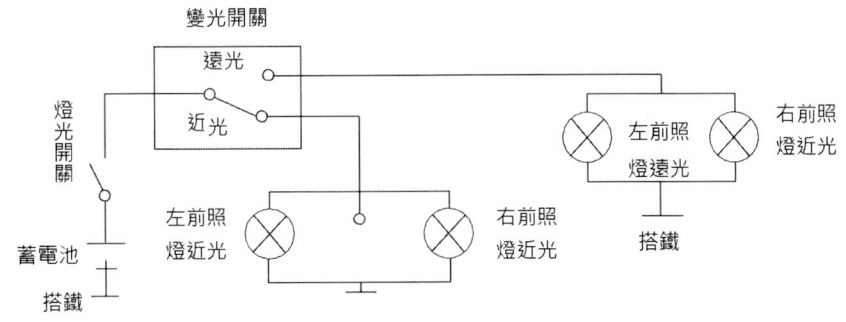

圖 4-1-22　汽車前照燈的變光開關

最複雜的是用作點火開關的聯動式開關，如圖 **4-1-23** 所示。五片電刷組合在一起並同時轉動。當點火鑰匙擰到啟動位置時，所有電刷均轉到原始位置，蓄電池電壓送至點火線圈、啟動繼電器和點火模組，同時電路接通搭鐵以檢驗儀錶板上的警示燈。

圖 4-1-23　聯動式開關

汽車上還採用一種水銀開關。水銀開關是一個兩端密閉的小管，管內灌有部分水銀，管的一端裝有一對觸點，如圖 **4-1-24** 所示。

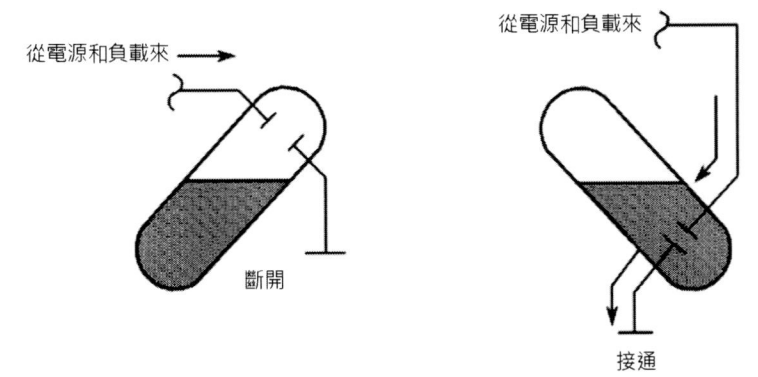

圖 4-1-24　水銀開關

(二)繼電器

繼電器是一種根據電量(如電壓、電流)或非電量(如時間、轉速、溫度、壓力等)的變化，控制電路接通或斷開的電磁開關。它是一種用小電流控制大電流的器件，用於自動控制汽車電氣系統等。

1. 中間繼電器

中間繼電器是一種中間傳遞信號的電磁繼電器，可用於信號放大或將一個信號變成多個輸出信號，從而增加信號控制電路的數目。圖 4-1-25 所示為汽車電喇叭繼電器。當電磁線圈中有電流通過時，鐵芯產生電磁力吸動銜鐵，使觸點閉合，電路接通；線圈中無電流通過時，鐵芯電磁力減退，在彈簧的作用下，觸點打開，電路切斷。

2. 電流繼電器

電流繼電器是反映電流變化的繼電器，它的線圈匝數少而線徑粗，與負載串聯。電流繼電器分為過電流繼電器和欠電流繼電器，當過電流繼電器的負載電流超過額定值時，銜鐵吸合觸點動作，切斷供電主回路。

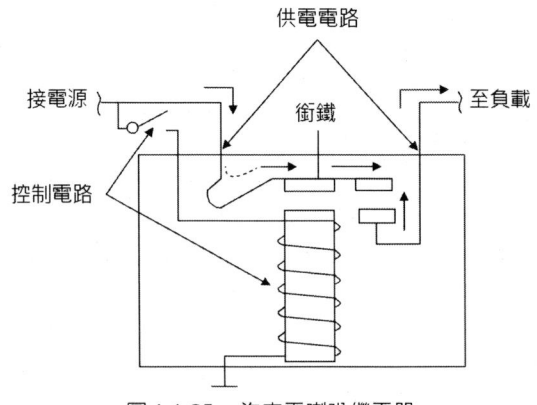

圖 4-1-25　汽車電喇叭繼電器

(三)電阻調節器

1. 步進式變阻器

步進式變阻器通常用於電動機變速，如圖 4-1-26 所示。

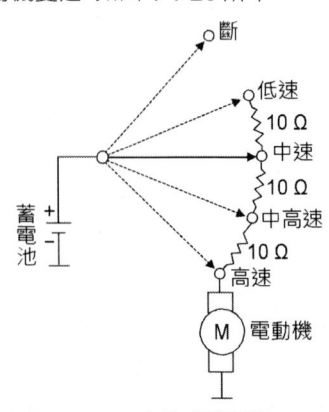

圖 4-1-26　步進式變阻器

2. 可變電阻

最常用的可變電阻是變阻器和電位計。變阻器有兩個端子，一個端子與變阻器的固定端相連，另一個端子接電刷，如圖 4-1-27 所示。

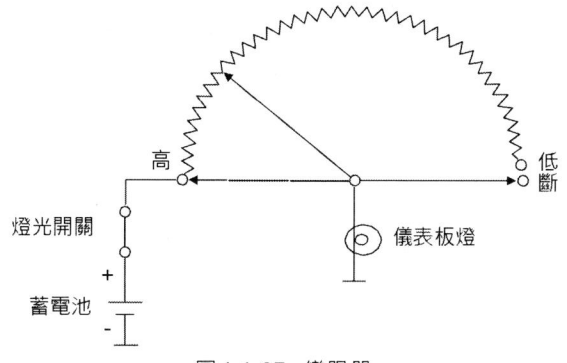

圖 4-1-27 變阻器

十一 變壓器

變壓器由初級線圈、次級線圈和鐵芯組成，變壓器能夠升降交流電壓。如果初級線圈比次級線圈的圈數多是降壓變壓器，如果次級線圈比初級線圈的圈數多則是升壓變壓器。當不考慮損耗的情況下，初級電壓 U_1 和次級電壓 U_2 的比等於初級線圈 N_1 和次級線圈 N_2 的比，也就是：$U_1/U_2 = N_1/N_2$。

變壓器的分類是根據變壓器用在不同的交流電頻率範圍而分為低頻、中頻、高頻。低頻變壓器都有鐵芯，中頻和高頻變壓器一般是空氣芯或用特製的鐵粉芯。

(一) 變壓器分類

1. 低頻變壓器

低頻變壓器可分為音訊變壓器和電源變壓器，音訊變壓器在放大電路中的主要作用是耦合、倒相、阻抗匹配等。要求音訊變壓器的頻率特性好，分佈電容和漏感小。音訊變壓器有輸入和輸出之分。輸入變壓器是接在放大器輸入端的音訊變壓器，它的初級一般接在話筒，次級接放大器的第一級。不過電晶體放大器的低放與功放之間的耦合變壓器習慣上也稱為輸入變壓器。輸出變壓器是接在放大器輸出端的變壓器，它的初級接在放大器的輸出端，次級接負載 (喇叭)。它的主要作用是把喇叭的較低阻抗通過輸出變壓器變成放大器所需的最佳負載阻抗，使放大器具有最大不失真輸出。

電源變壓器一般是將 220 V 的交流電變換為所需的低壓交流電，以便整流、濾波、穩壓而得到直流電，作為電路的供電電源使用。

2.中頻變壓器

中頻變壓器(俗稱中周)，如圖 4-1-28 所示，是超外差收音機和電視機的中頻放大器中的重要元件。它對收音機的靈敏度、選擇性，電視機的圖像清晰度等整機技術指標都有很大影響。中頻變壓器一般和電容(外加或內帶)組成諧振回路。

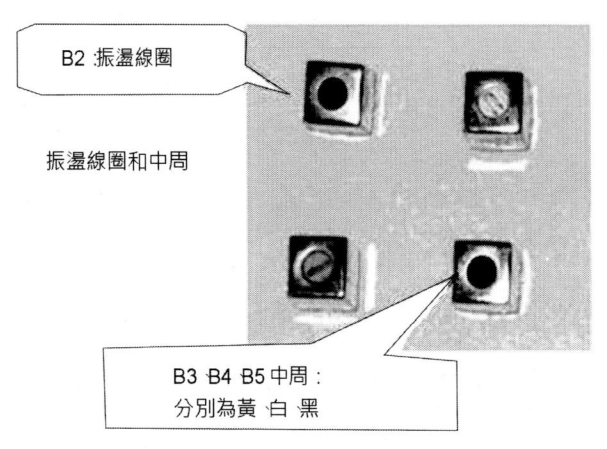

B2 振盪線圈

振盪線圈和中周

B3、B4、B5 中周：
分別為黃、白、黑

圖 4-1-28　中頻變壓器

3.高頻變壓器

收音機裡所用的振盪線圈、高頻放大器的負載回路和天線線圈都是高頻變壓器。因為這些線圈用在高頻電路中，所以電感量很小。

(二)變壓器的檢測及使用常識

1.檢測變壓器的最簡便方法

選用萬用表的"$R \times 1$"量程，分別測量初級線圈和次級線圈的電阻值，阻值在幾歐至幾百歐之間。檢查絕緣性能，將萬用表置於"$R \times 10k$"擋，做以下幾種電阻測試：(1)一次繞組與二次繞組之間的電阻值；(2)一次繞組與外殼之間的電阻值；(3)二次繞組與外殼之間的電阻值。上述結果可出現三種情況：阻值為無窮大，正常；阻值為零，有短路性故障；阻值小於無窮大，但大於零，有漏電性故障。

2.使用常識

使用電源變壓器時，要分清它的初級和次級。對於降壓變壓器來說，初級的阻值比次級的阻值要大。在電路裡，電源變壓器是要放熱，必須考慮到安放位置要有利於散熱。

【任務實施】

一 器材準備

變壓器 線圈 磁鐵。

二 說原理

根據下面電路圖說明自感現象原理 如圖 4-1-29 所示。

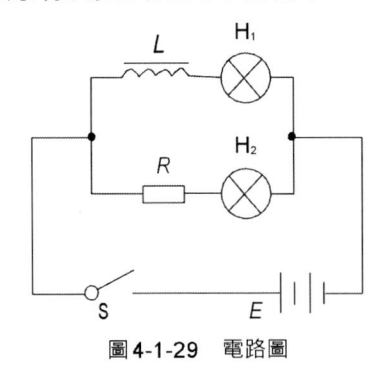

圖 4-1-29 電路圖

【任務檢測】

1.常用電磁器件有哪些？

2.變壓器是怎麼分類的？

【評價與回饋】

序號	考核項目	分值	考核內容	配分	考核標準	得分
1	出勤 紀律	5分	出勤	2分	違規一次不得分	
			行為規範	3分	違規一次不得分	
2	安全 防護、環保	20分	著裝	2分	違規一次不得分	
			個人防護	3分	違規一次不得分	
			"5S" "EHS"	5分	違規一次不得分	
			設備使用安全	5分	違規一次不得分	
			操作安全	5分	違規一次不得分	
3	任務檢測	20分	任務測驗成績	20分	測驗成績的20%計	
4	技能考核	35分	技能測驗成績	35分	測驗成績的35%計	
5	學習能力	10分	工單填寫．工藝計畫制訂	4分	未做不得分	
			組內活動情況	5分	酌情扣分	
			資料查閱和收集	1分	未做不得分	
6	任務拓展	10分	知識拓展任務	2分	未做不得分	
			技能拓展任務	8分	未做不得分	
	總分	100分				

【教師評估】

序號	優點	存在問題	解決方案

教師簽字：

【學習後記】

任務二　認知點火線圈

【任務目標】

目標類型	目標要求
知識目標	(1)能描述點火線圈磁場的產生原理 (2)能敘述點火線圈的結構
技能目標	能檢測點火線圈
情感目標	(1)養成嚴謹的工作作風 (2)具有安全操作意識

【任務描述】

一輛桑塔納轎車，無法正常起動，經維修人員檢查發現點火線圈開路，更換點火線圈後車輛性能正常。

【知識準備】

一　點火線圈分類

按鐵芯形狀不同可分為開磁路式和閉磁路式兩種。

(一)開磁路點火線圈

傳統的開磁路點火線圈的基本結構如圖 4-2-1(a)所示，主要由鐵芯、繞組、膠木蓋、瓷杯等組成。

三接柱點火線圈殼體外部裝有一個附加電阻，附加電阻兩端連至膠木蓋的"+"接線柱和"-"接線柱如圖 4-2-1(b)所示，其作用是改善點火性能。兩接柱點火線圈無附加電阻在點火開關與點火線圈"+"接線柱間，而是連入一根附加電阻線。

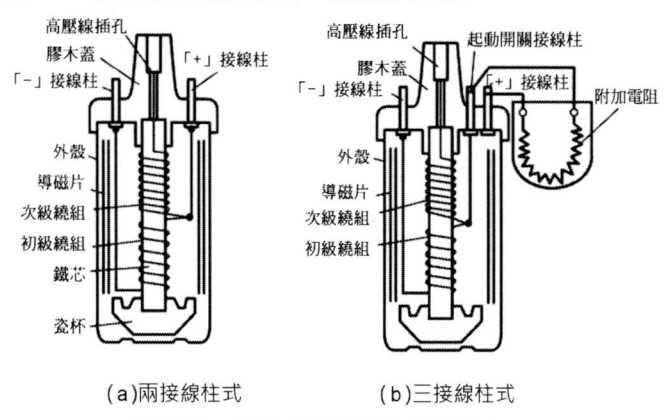

(a)兩接線柱式　　(b)三接線柱式
圖 4-2-1　開磁路點火線圈結構示意圖

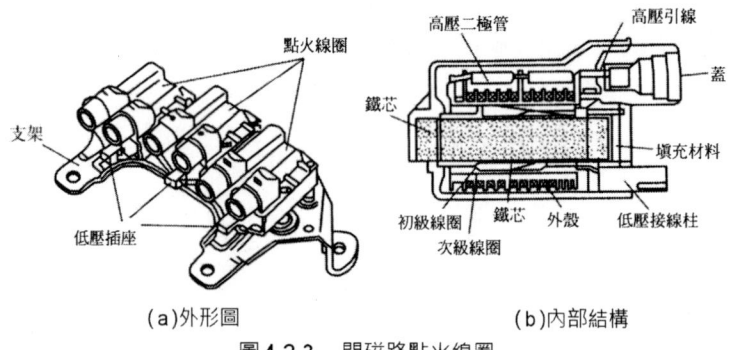

(二)閉磁路點火線圈

閉磁路點火線圈的鐵芯是"日"字形或"口"字形，如圖 4-2-2 所示，鐵芯內繞有初級繞組，在初級繞組外面繞有次級繞組。

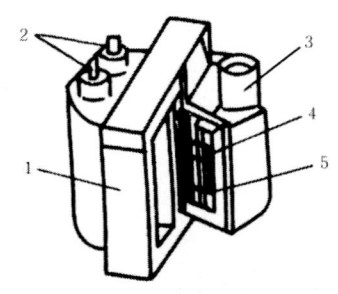

1-"日"字形鐵芯 ;2-初級繞組接線柱 ;3-高壓接線柱 ;4-初級繞組 ;5-次級繞組
圖 4-2-2　閉磁路點火線圈的結構

(三)點火線圈的工作原理

點火線圈是將汽車低壓電變成高壓電的設備，其工作原理如下：當初級線圈接通電源時，隨著電流的增長四周產生一個很強的磁場，鐵芯儲存了磁場能；當開關裝置使初級線圈電路斷開時，初級線圈的磁場迅速衰減，次級線圈就會感應出很高的電壓。初級線圈的磁場消失速度越快，電流斷開瞬間的電流越大，兩個線圈的匝數比越大，則次級線圈感應出來的電壓越高。

DLI(無分電器電控點火系統)所用的點火線圈採用小型閉磁路點火線圈，如圖 4-2-3 所示。它由初級線圈、次級線圈、鐵芯、高壓二極體、外殼、低壓接線柱、高壓引線等組成。每組點火線圈供應兩缸同時點火，如圖 4-2-4 所示。當初級繞組電流被切斷時，兩個氣缸中都有跳火現象發生，在能量分配上，壓縮行程的氣缸壓力較高，所需跳火電壓高，而排氣行程氣缸壓力接近大氣壓，所需電壓低，因此能保證壓縮行程氣缸有足夠的點火能量。

(a)外形圖　　(b)內部結構
圖 4-2-3　閉磁路點火線圈

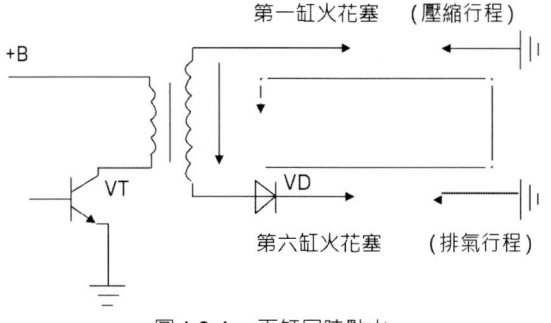

圖 4-2-4　兩缸同時點火

二、發動機電控點火線圈及電路的檢修

(一)雙火花直接點火系統的檢修

桑塔納 2000AJR 型發動機點火系統採用無分電器雙火花直接點火系統。點火線圈發生故障,發動機立即熄火或不能起動。ECU 不能檢測到該故障資訊。如果一個火花塞由於開路使這個點火回路斷開,那麼和它共用一個點火線圈的火花塞也因電氣線路故障而不能跳火;如果一個火花塞由於短路而不能跳火,但電氣回路沒有斷開,那麼和它共用一個點火線圈的火花塞仍然能夠跳火。圖 4-2-5 為 AJR 型發動機點火系統電路接線圖。

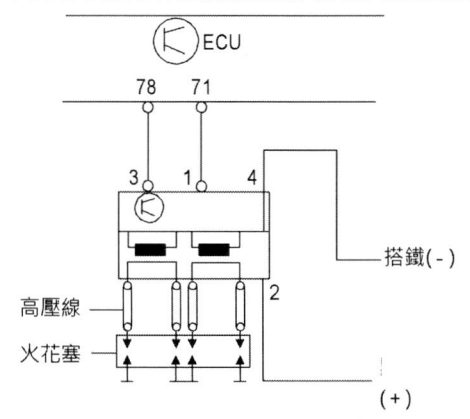

圖 4-2-5　AJR型發動機點火系統電路接線圖

(1)拔下點火線圈4針插頭,用發光二極體測試燈連接蓄電池正極和插頭上端子4,發光二極管測試燈應亮。如果測試燈不亮,檢查端子 4 和接地點的線路是否有斷路,如圖 4-2-6 所

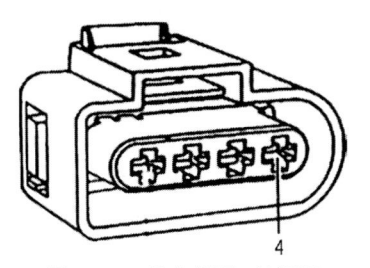

圖 4-2-6　點火線圈4針插頭

（2）測試點火線圈的供電電壓 拔下點火線圈的4針插頭，用發光二極體測試燈連接在發動機接地點和插頭上端子2之間 打開點火開關 發光二極體測試燈應亮。如果測試燈不亮 檢查中央電器D插頭23端子與4針插座端子2之間線路是否斷路。

（3）測試點火線圈工作 拔下4個噴油器的插頭和點火線圈的4針插頭 打開點火開關，用發光二極體測試燈連接發動機接地點和插頭上端子1 接通起動機數秒 測試燈應閃亮 然後用測試燈連接發動機接地點和端子3 接通起動機數秒 測試燈應閃亮。如果測試燈不亮，檢查點火線圈插頭上端子和發動機控制單元線束的插頭間導線是否開路或短路 如果線路正常 應更換發動機 ECU。

【任務實施】

一 實施內容

(1)雙火花直接點火電控點火線圈的檢修。
(2)獨立點火線圈的檢修。
(3)爆震感測器的檢修。
(4)霍爾感測器的檢修。
(5)磁感應感測器的檢修。

二 準備工作

(1)所需設備 工具和材料。 實訓用車輛 拆裝工具 前柵格布 翼子板防護套 環保三件套 乾淨的帕子 車輪擋塊、萬用表 試電筆 汽車專用示波器分析儀等。
(2)安全防護用品。 標準作業裝 安全鞋 線手套等。
(3)資訊收集。
車輛VIN碼：＿＿＿＿＿＿＿＿。

三 技術規範與注意事項

(1)嚴禁違規操作。
(2)使用維修手冊和電路圖時 要注意避免殘缺不全 資料應與使用車輛型號相對應。
(3)要遵守維修手冊規定的其他技術和安全要求。

四 任務實施步驟及方法

(1)一般準備工作。
①清點所需工具 量具的數量和種類。
②檢查設備 工具 量具性能是否良好。
(2)安全防護準備工作。
①安裝車輪擋塊阻擋車輪

②使用空擋和駐車制動。
③安裝好前柵格布、翼子板防護套、環保三件套。
(3)發動機機艙預檢。
①檢查發動機冷卻液液面。
②檢查發動機油液面。
③檢查制動液液位。
(4)雙火花直接點火電控點火線圈的檢修。
①拔下點火線圈4針插頭。
②用發光二極體測試燈連接蓄電池正極和插頭上端子4，觀察發光二極體。

③測量端子4和接地點的線路電阻，測量值：_____。
④測量點火線圈電壓，測量值：_____。
⑤測試點火線圈工作性能。
(5)獨立點火線圈的檢修。
①將智慧檢測儀連接到 DTC3。
②將點火開關置於 ON 位置。
③打開檢測儀。
④進入以下功能表項目:Powertrain/engine and ETC/DTC。
⑥斷開點火線圈總成連接器。
⑦將點火開關置於ON位置。
⑧測量電壓，測量值：_____。
⑨重新連接點火線圈總成連接器。

【任務檢測】

分析獨立點火線圈的工作原理。

【評價與回饋】

序號	考核項目	分值	考核內容	配分	考核標準	得分
1	出勤 紀律	5分	出勤	2分	違規一次不得分	
			行為規範	3分	違規一次不得分	
2	安全 防護、環保	20分	著裝	2分	違規一次不得分	
			個人防護	3分	違規一次不得分	
			"5S" "EHS"	5分	違規一次不得分	
			設備使用安全	5分	違規一次不得分	
			操作安全	5分	違規一次不得分	
3	任務檢測	20分	任務測驗成績	20分	測驗成績的20%計	
4	技能考核	35分	技能測驗成績	35分	測驗成績的35%計	
5	學習能力	10分	工單填寫·工藝計畫制訂	4分	未做不得分	
			組內活動情況	5分	酌情扣分	
			資料查閱和收集	1分	未做不得分	
6	任務拓展	10分	知識拓展任務	2分	未做不得分	
			技能拓展任務	8分	未做不得分	
	總分	100分				

【教師評估】

序號	優點	存在問題	解決方案

教師簽字：

【學習後記】

項目五 汽車起動機和交流發電機的認知

任務一 認知汽車起動機

【任務目標】

目標類型	目標要求
知識目標	(1)能描述汽車起動系統的組成及作用 (2)會敘述起動機的結構與工作原理
技能目標	(1)會對起動機進行拆裝 (2)能夠識別起動機零部件
情感目標	(1)養成"5S""EHS"意識 (2)能配合小組完成項目任務,幫助其他成員

【任務描述】

一輛卡羅拉車,車輛起動時,沒有反應。經過確認是電磁開關故障。更換電磁開關後,故障排除。

【知識準備】

一、起動機的作用

起動機的作用就是起動發動機,發動機起動之後,起動機便立即停止工作。起動機在整車上的位置,如圖 5-1-1 所示。

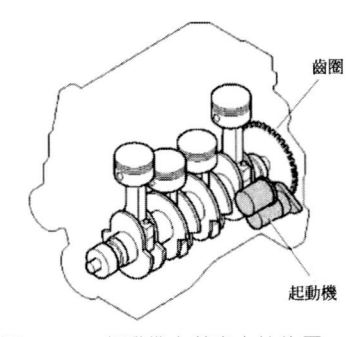

圖 5-1-1 起動機在整車上的位置

二、起動機的結構

起動機一般由直流串勵式電動機、傳動機構(或稱嚙合機構)和控制裝置(電磁開關)三部分組成。

(一)直流串勵式電動機

直流串勵式電動機的作用是產生力矩。它主要由機殼與端蓋、磁極、電樞、換向器、電刷及電刷架等組成。其結構如圖5-1-2所示。

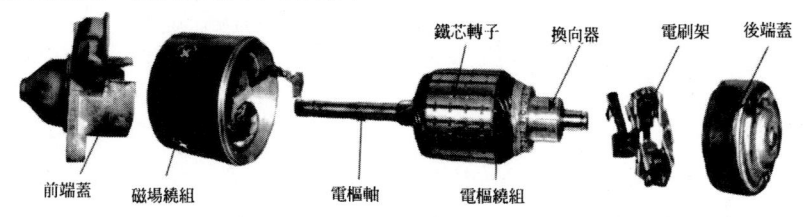

圖5-1-2 直流串勵式電動機結構圖

1.機殼及端蓋

機殼的作用是安裝磁極、固定機件。機殼用鋼管製成，一端開有視窗，用於觀察和維護電刷和換向器，平時用防塵箍蓋住。機殼上有一個電流輸入接線柱，並在內部與勵磁繞組的一端相接。殼內壁固定有磁極鐵芯和勵磁繞組。端蓋有前、後之分，如圖5-1-3所示。

圖5-1-3 機殼與端蓋

2.磁極

磁極的作用是產生磁場，它由固定在機殼上的磁極鐵芯和勵磁繞組組成，一般是四個，兩對磁極相對交錯安裝在電動機定子內殼上，如圖5-1-4(a)所示。四個勵磁線圈可互相串聯後再與電樞繞組串聯，也可兩兩串聯後並聯再與電樞繞組串聯，如圖5-1-4(b)所示。

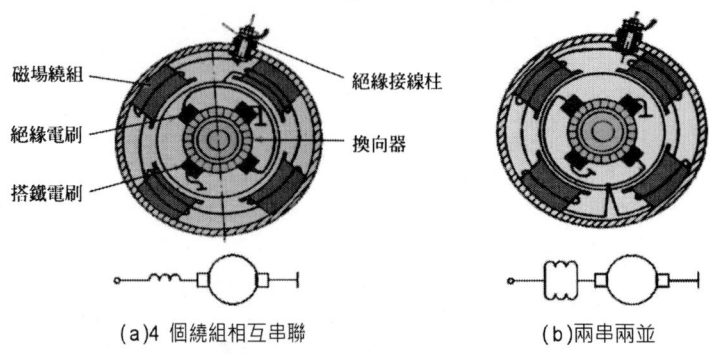

(a)4個繞組相互串聯　　(b)兩串兩並

圖5-1-4 勵磁繞組的連接方法

3.電樞

電樞的作用是產生電磁轉矩，它主要由電樞軸、電樞鐵芯、電樞繞組和換向器等組成。電樞總成如圖 5-1-5 所示，電樞鐵芯是由許多相互絕緣的矽鋼片疊裝而成，其圓周表面上有槽，用來安放電樞繞組，電樞繞組用矩形截面的裸銅條繞制。

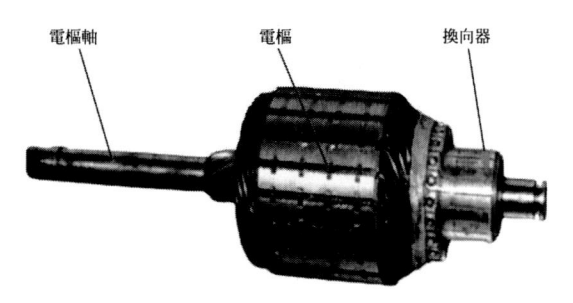

圖 5-1-5　電樞的組成

4.換向器

換向器裝在電樞軸上，它由許多換向片組成。換向片嵌裝在軸套上，各換向器片之間用雲母絕緣。換向器與電刷相接觸。

5.電刷及電刷架

電刷及電刷架的作用是將電流通過換向器引入電樞讓其旋轉。一般有四個電刷及電刷架，如圖 5-1-6 所示。電刷架固定在前端蓋上，其中兩個對置的電刷架與端蓋絕緣，稱為絕緣電刷架；另外兩個對置的電刷架與端蓋直接鉚合而搭鐵，稱為搭鐵電刷架。

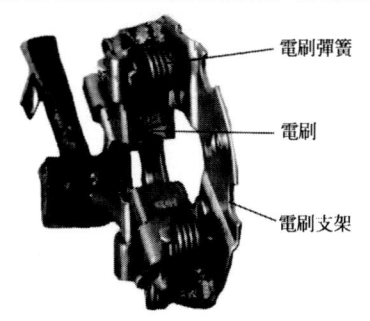

圖 5-1-6　電刷及電刷架

電刷由銅粉與石墨粉壓制而成，加入銅粉是為了減少電阻並增加耐磨性。電刷裝在電刷架中，借彈簧壓力將它緊壓在換向器銅片上。電刷彈簧的壓力一般為 12～15 N。

(二)起動機的傳動機構

傳動機構的作用是把直流串勵式電動機產生的轉矩傳遞給飛輪，再通過飛輪把轉矩傳遞給發動機的曲軸，使發動機運轉，同時飛輪與驅動齒輪分離。傳動機構一般由驅動齒輪、單向離合器、撥叉、嚙合彈簧等組成，如圖 5-1-7 所示。傳動機構中，結構和工作情況比較複雜的是單向離合器，它的作用是傳遞電動機轉矩，起動發動機，而在發動機起動後自動打滑，保護起動機電樞不致飛散。常用的單向離合器主要有滾柱式、摩擦片式和彈簧式等幾種。

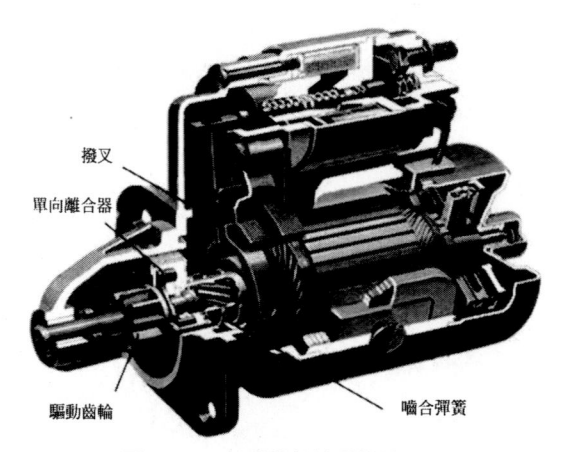

圖 5-1-7　起動機的傳動機構

(三)起動機的控制裝置

　　起動機控制裝置的作用是控制驅動齒輪和飛輪的嚙合與分離，並且控制電動機電路的接通與切斷。常用的裝置有機械式和電磁式兩種，現代汽車上廣泛使用電磁式控制裝置(電磁開關)，如圖 5-1-8 所示。電磁式控制裝置主要由吸引線圈、保持線圈、回位彈簧、可動鐵芯、接觸片等組成。其中，端子50接點火開關，通過點火開關再接電源，端子30直接接電源。

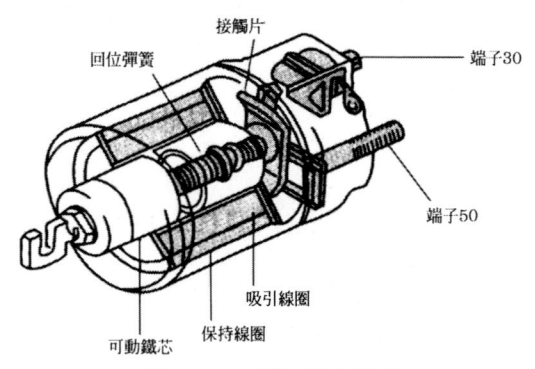

圖 5-1-8　電磁式控制裝置

　　電磁式控制裝置的基本工作過程如圖 5-1-9 所示：當起動電路接通後，保持線圈的電流經起動機端子50進入，經線圈後直接搭鐵。吸引線圈的電流也經起動機端子50進入，但通過吸引線圈後未直接搭鐵，而是進入電動機的勵磁線圈和電樞後再搭鐵。兩線圈通電後產生較強的電磁力，克服回位彈簧彈力使活動鐵芯移動，一方面通過撥叉帶動驅動齒輪移向飛輪齒圈並與之嚙合，另一方面推動接觸片移向端子50和端子C的觸點，在驅動齒輪與飛輪齒圈進入嚙合後，接觸片將兩個主觸點接通，使電動機通電運轉。在驅動齒輪進入嚙合之前，由於經過吸引線圈的電流經過了電動機，所以電動機在這個電流的作用下會產生緩慢旋轉，以便於驅動齒輪與飛輪齒圈進入嚙合。在兩個主接線柱觸點接通之後，蓄電池的電流直接通過主觸點和接觸片進入電動機，使電動機進入正常運轉，此時通過吸引線圈的電路被短路，因此，吸引線圈中無電流通過，主觸點接通的位置靠線圈來保持。發動機起動後，切斷起動電路，保持線圈斷電，在彈簧的作用下，活動鐵芯回位，切斷了電動機的電路，同時也使驅動齒輪與飛輪齒圈脫離嚙合。

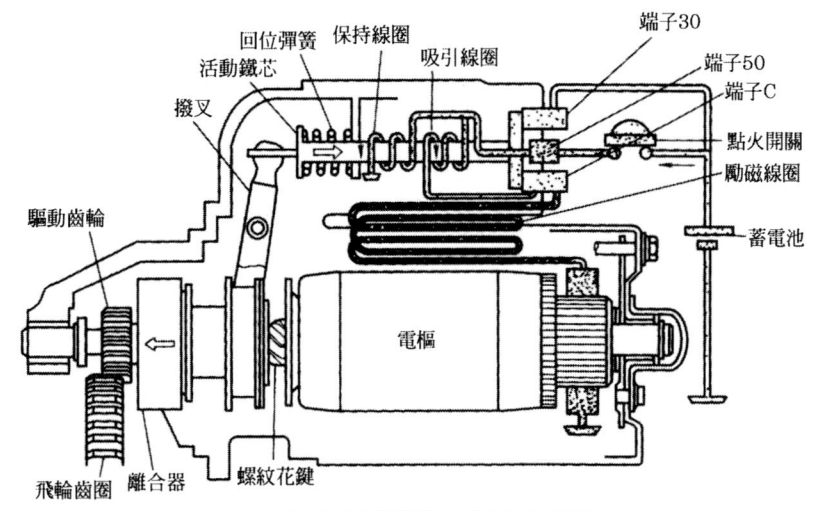

圖 5-1-9　電磁式控制裝置的基本工作過程

【任務實施】

一　實施內容

起動機的拆裝。

二　準備工作

(1)所需設備、工具和材料。實訓用車輛、拆裝工具、前柵格布、翼子板防護套、環保三件套、乾淨的帕子、車輪擋塊等。

(2)安全防護用品。標準作業裝、安全鞋、線手套等。

(3)資訊收集。

起動機型號：_____。

三　技術規範與注意事項

(1)嚴禁違規操作。
(2)使用維修手冊和電路圖時，要注意避免殘缺不全，資料應與使用車輛型號相對應。
(3)要遵守維修手冊規定的其他技術和安全要求。

四、任務實施步驟及方法

(1)一般準備工作。
①清點所需工具、量具的數量和種類。
②檢查設備、工具、量具的性能是否良好。
(2)安全防護準備工作。
①安裝車輪擋塊阻擋車輪。
②使用空擋和駐車制動。
③安裝好前柵格布、翼子板防護套、環保三件套。
(3)起動機的拆卸。
①斷開蓄電池負極端子。
②斷開起動機電纜及連接器。
③拆卸起動機與發動機的固定螺栓。
④拆下起動機與電磁開關接線柱的緊固螺母。
⑤將接線柱連接線取下。
⑥用起子擰下電磁開關與起動機外殼的緊固螺釘。
⑦取下電磁開關及電磁開關活動鐵芯。
⑧拆下起動機後端蓋與電刷架的緊固螺釘及外殼的連接緊固螺栓。
⑨敲松後端蓋，將其取下。
⑩取下電刷架、定子、電樞與起動機外殼。
⑪下三顆行星輪、防塵膠與止推墊片，取出單向離合器總成。
(4)起動機的裝配。
①將起動機運動部件塗上適量潤滑脂。
②將撥叉裝到單向離合器撥叉座上。
③裝上起動機外殼。
④裝上止推墊片與防塵膠及墊圈。
⑤裝上定子後，再將電樞裝入定子內，其應運動自如。
⑥裝上電刷及電刷架，應保證電刷與換向器有良好的接觸面。
⑦將電刷架上的壓力彈簧壓緊電刷。
⑧在電樞軸的尾端與起動機後端蓋塗上適量潤滑脂。
⑨裝複後端蓋，擰緊緊固螺釘。
⑩裝入壓力彈簧，再將電磁開關活動鐵芯裝複，然後裝上電磁開關。
⑪緊電磁開關與外殼的緊固螺釘。
⑫上電磁開關的電流輸入接線柱連接線。
(5)現場恢復。
①收回、清點、整理工具、量具及設備。
②與小組成員共同清潔場地及實訓車輛。

【任務檢測】

一、填空

1. 起動機分＿＿＿＿、＿＿＿＿、＿＿＿＿三部分。
2. 直流串勵式電動機分＿＿＿＿、＿＿＿＿、＿＿＿＿、＿＿＿＿四部分。
3. 傳動機構的組成有＿＿＿＿、＿＿＿＿、＿＿＿＿三部分。
4. 控制機構的組成有＿＿＿＿、＿＿＿＿、＿＿＿＿、＿＿＿＿四部分。

二、簡答題

1. 簡述直流串勵式電動機的工作過程。

2. 簡述起動機的工作過程。

【評價與回饋】

序號	考核項目	分值	考核內容	配分	考核標準	得分
1	出勤 紀律	5分	出勤	2分	違規一次不得分	
			行為規範	3分	違規一次不得分	
2	安全 防護、環保	20分	著裝	2分	違規一次不得分	
			個人防護	3分	違規一次不得分	
			"5S" "EHS"	5分	違規一次不得分	
			設備使用安全	5分	違規一次不得分	
			操作安全	5分	違規一次不得分	
3	任務檢測	20分	任務測驗成績	20分	測驗成績的 20%計	
4	技能考核	35分	技能測驗成績	35分	測驗成績的 35%計	
5	學習能力	10分	工單填寫 ·工藝計畫制訂	4分	未做不得分	
			組內活動情況	5分	酌情扣分	
			資料查閱和收集	1分	未做不得分	
6	任務拓展	10分	知識拓展任務	2分	未做不得分	
			技能拓展任務	8分	未做不得分	
	總分	100分				

【教師評估】

序號	優點	存在問題	解決方案

教師簽字：

【學習後記】

任務二　認知交流發電機

【任務目標】

目標類型	目標要求
知識目標	(1)敘述交流發電機的結構、作用 (2)敘述交流發電機的工作過程
技能目標	(1)能依據拆裝工藝對交流發電機進行拆裝 (2)能識別交流發電機主要部件
情感目標	(1)養成嚴謹工作作風 (2)具有安全操作意識

【任務描述】

一輛威馳車在使用過程中時常出現電瓶虧電的現象。將汽車送到汽修廠檢測後，發現是發電機不發電引起的，維修發電機後故障排除。

【知識準備】

一　交流發電機的作用

交流發電機是汽車的主要電源，其在整車上的位置如圖5-2-1所示。其功用是在發動機正常運轉時，向所有用電設備(起動機除外)供電，同時給蓄電池充電。連接電路如圖5-2-2所示。

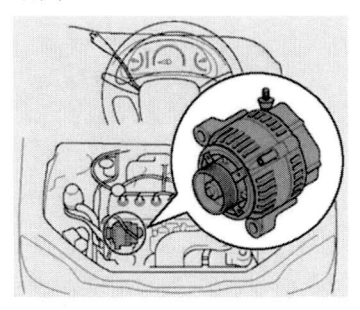

圖5-2-1　發電機在車上的位置圖　　圖5-2-2　蓄電池充電電路

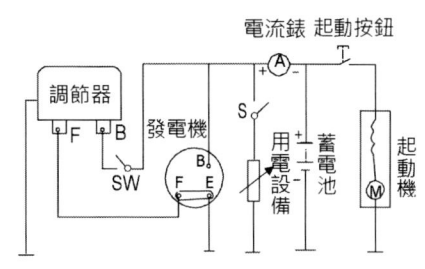

二、交流發電機的結構

汽車的交流發電機由三相同步發電機和矽二極體整流器兩大部分組成。圖 5-2-3 所示為交流發電機解體圖。交流發電機主要由轉子、定子、矽二極體整流器、前後端蓋、電壓調節器、風扇、皮帶輪、電刷元件等組成。

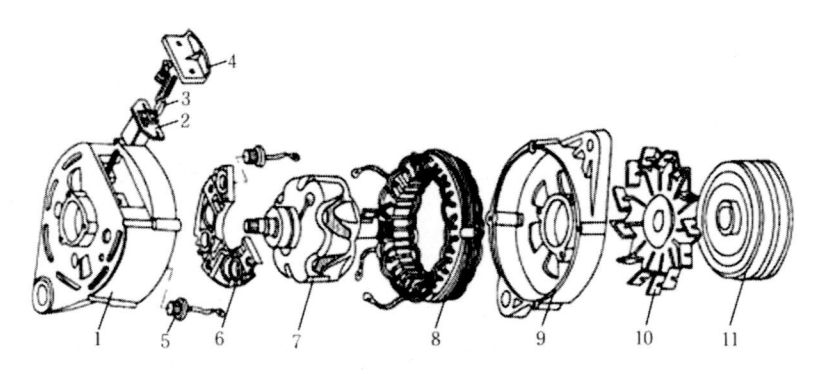

1-後端蓋；2-電刷架；3-電刷；4-電刷彈簧壓蓋；5-矽二極體；6-散熱片；
7-轉子；8-定子；9-前端蓋；10-風扇；11-皮帶輪

圖 5-2-3　交流發電機解體圖

(一)轉子

轉子的功用是產生旋轉磁場。轉子由爪極、轉子鐵芯、磁場繞組、滑環、轉子軸組成，如圖 5-2-4 所示。

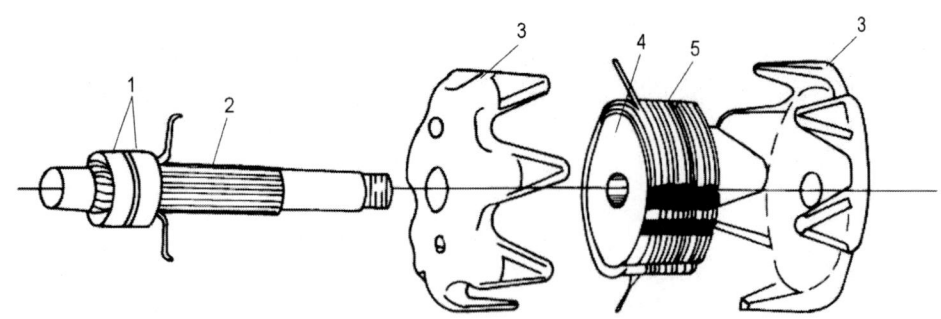

1-滑環；2-轉子軸；3-爪極；4-轉子鐵芯；5-磁場繞組
圖 5-2-4　發電機轉子的結構

(二)定子

定子的功用是產生交流電，由定子鐵芯和定子繞組兩部分組成。定子繞組有三組線圈，對稱的嵌放在定子鐵芯的槽中。三相繞組有星形連接和三角形連接兩種方法，如圖 5-2-5 所示。當轉子旋轉時，產生旋轉磁場，使定子中的三相繞組切割磁感線，產生三相交變電動勢。

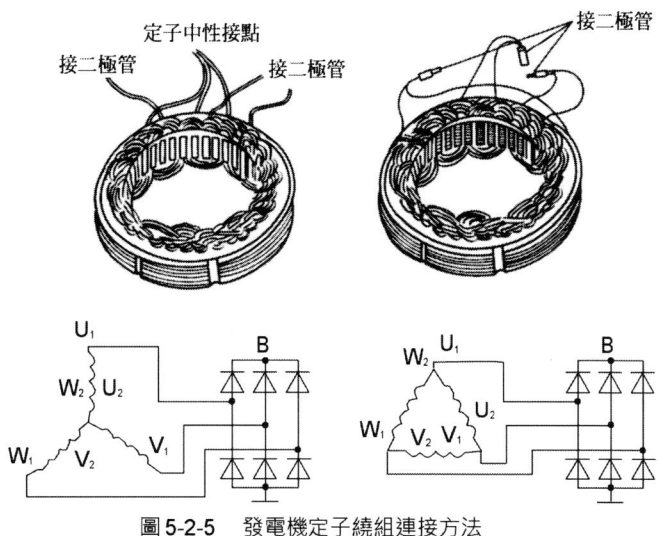

圖 5-2-5 發電機定子繞組連接方法

(三)矽二極體整流器

矽二極體整流器的功用是將三相繞組產生的交流電變為直流電，由6個二極體(3個正二極體、3個負二極體)、整流板等組成。二極體分為正二極體、負二極體，二極體的安裝如圖 5-2-6 所示。

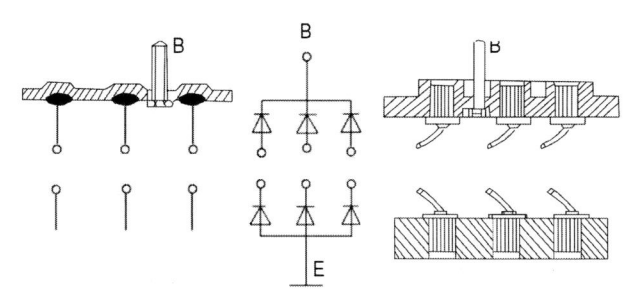

圖 5-2-6 二極體的安裝示意圖

(四)電壓調節器

電壓調節器的功用是在發電機轉速變化時，將發電機電壓控制在規定的範圍內。對於12V的汽車，其電壓控制在14～15V之間。

(五)皮帶輪

通常由鑄鐵或鋁合金製成，分單槽和雙槽兩種，利用半圓鍵裝在前端蓋外側的轉子軸上，用彈簧墊片和螺母緊固。

(六)風扇

一般用 1.5 mm 厚的鋼板衝壓而成或用鋁合金鑄造製成，利用半圓鍵裝在前端蓋外側的轉子軸上，緊壓在皮帶輪與前端蓋之間。

(七)前後端蓋

前後端蓋用非導磁性的材料鋁合金製成，它具有輕便、散熱性好等優點。在後端蓋上裝有電刷總成，在前後端蓋上均有通風口，當風扇旋轉後能使空氣高速流經發電機內部進行冷卻。

(八)電刷組件

電刷元件由電刷、電刷架和電刷彈簧組成。電刷的作用是將電源通過集電環引入勵磁繞組。電刷的結構有外裝式和內裝式兩種，如圖 5-2-7 所示。

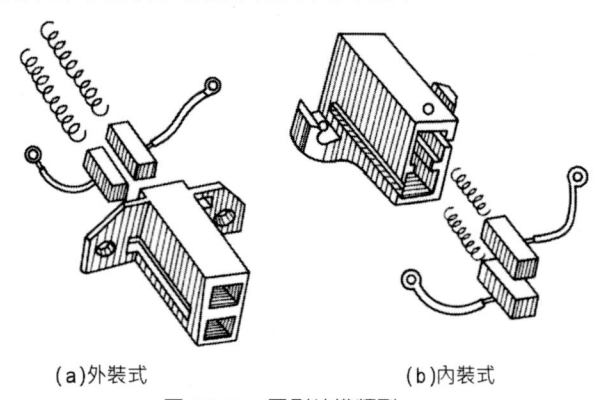

(a)外裝式　　(b)內裝式

圖 5-2-7　電刷結構類型

三、交流發電機的工作原理

(一)發電原理

交流發電機的發電原理如圖 5-2-8 所示。三相繞組按照一定的規律分佈在發電機的定子槽中，彼此相差 120°且匝數相等。當交流發電機的磁場繞組接通直流電時，產生了磁場，使轉子軸上的兩塊爪形磁極磁化，產生磁力線，兩者之間形成磁路。轉子在發動機帶動下旋轉時，磁感線與定子繞組產生相對運動。依據電磁感應原理，此時在定子三相繞組中產生相位互差 120°的三相交流電。

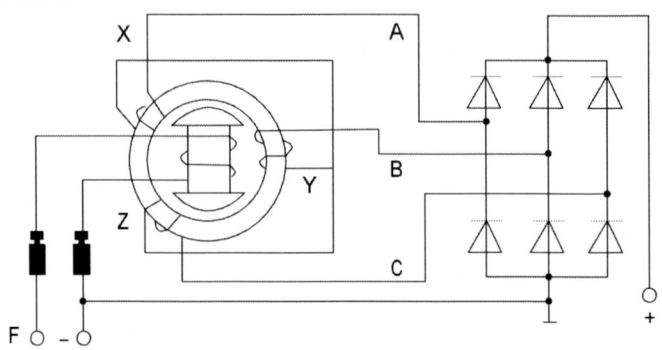

圖 5-2-8　交流發電機工作原理圖

(二)整流原理

1. 六管交流發電機整流原理

目前，多數汽車採用矽二極體整流器，利用二極體的單向導電性將定子繞組產生的三相交流電轉換為直流電。六管構成的三相橋式整流電路，如圖5-2-9所示。3個負二極體VD_2、VD_4、VD_6的陽極並接在負極板上，3個正二極體VD_1、VD_3、VD_5的陰極並接在正極板上。每個時刻有2個二極體同時導通，同時導通的兩個管子總是將發電機的電壓加在負荷的兩端。

當$t=0$時，C相電位最高，而B相電位最低，所對應的二極體VD_5、VD_4均處於正嚮導通。電流從繞組C出發，經VD_5→負載R_L→VD_4→繞組B構成回路。由於二極體的內阻很小，所以此時發電機的輸出電壓可視為 B、C 繞組之間的線電壓。

在t_1~t_2時間內，A相的電位最高，而B相電位最低，故對應VD_1、VD_4處於正嚮導通。同理，交流發動機的輸出電壓可視為A、B繞組之間的線電壓。

在t_2~t_3時間內，A相電位最高，而C相電位最低，故VD_1、VD_6處於正嚮導通。同理，交流發動機的輸出電壓可視為A、C繞組之間的線電壓。

以此類推，周而復始，在負載上便可獲得一個比較平穩的直流脈動電壓。

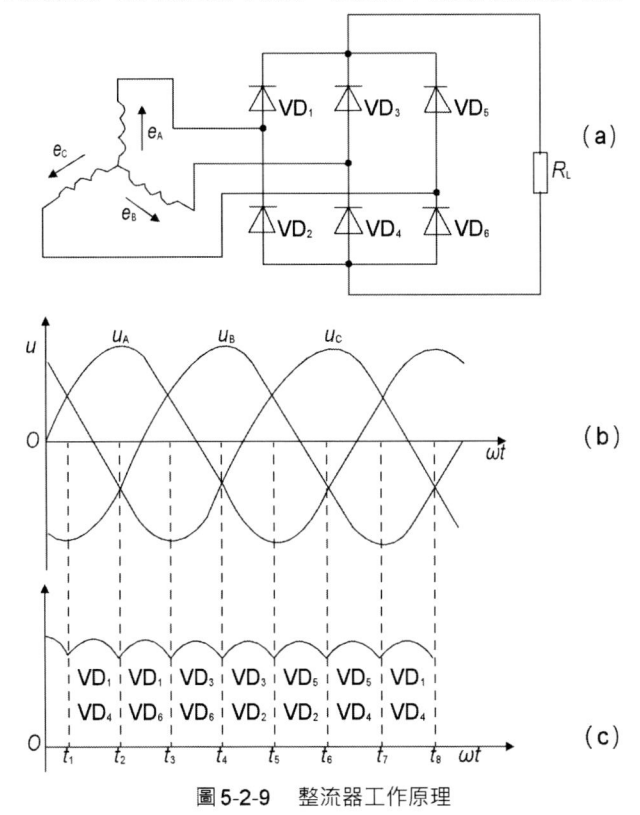

圖5-2-9 整流器工作原理

2. 九管交流發電機整流原理

九管交流發電機電路如圖5-2-10所示，它是在六管交流發電機的基礎上，增加了三個功率較小的二極體，用來供給磁場電流，所以又叫磁場二極體。磁場二極體能輸出與發電機"B"接線柱相等的電壓，它既能供給發電機勵磁電流，又能控制充電指示燈。

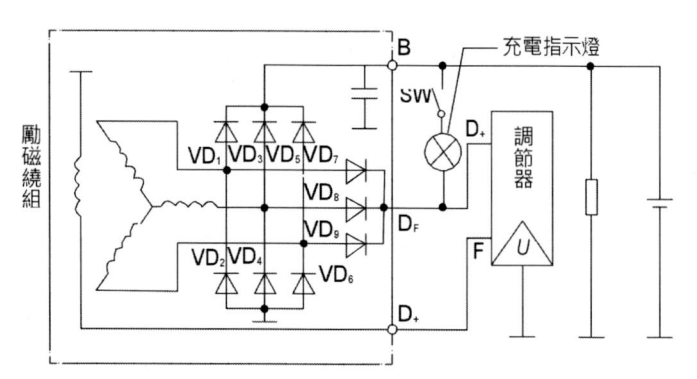

圖 5-2-10　九管交流發電機工作原理圖

其工作原理如下：

接通點火開關，電流流向為蓄電池正極→充電指示燈→調節器觸點→勵磁繞組→搭鐵→蓄電池負極。此時，充電指示燈由於有電流通過，所以燈會亮。

但發動機起動後，隨著發電機轉速提高，發電機的端電壓也不斷升高。當發電機的輸出電壓與蓄電池電壓相等時，發電機"B"端和"D"端的電位相等，此時，充電指示燈由於兩端電位差為零而熄滅。指示發電機已經正常工作，勵磁電流由發電機自己供給。發電機中三相繞組所產生的三相交流電動勢經六隻二極體整流後，輸出直流電，向負載供電，並向蓄電池充電。

當發電機高速運轉，充電系統發生故障而導致發電機不發電時，"D"端無電壓輸出，所以充電指示燈由於兩端電位差增大而發亮，警告駕駛員及時排除故障。九管交流發電機在停車後，蓄電池向充電指示燈繼續提供電流，則充電指示燈會一直亮，提醒駕駛員斷開點火開關。

(三)電子電壓調節器工作原理

電子電壓調節器利用三極管的開關特性，將大功率三極管作為開關串聯在發電機的勵磁電路中，根據發電機輸出電壓的高低，控制三極管導通與截止來調節發電機的勵磁電流，使發電機輸出電壓穩定在一定範圍內。內搭鐵電子電壓調節器電路如圖 5-2-11 所示。

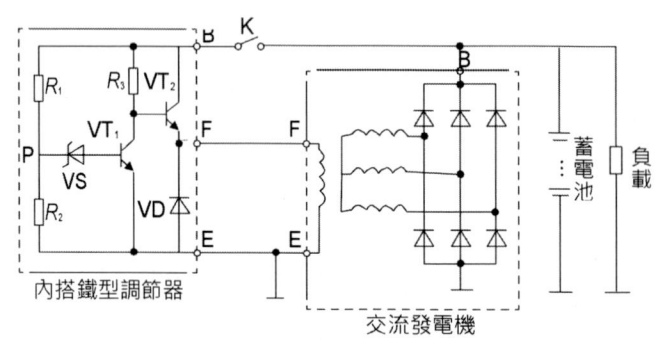

圖 5-2-11　內搭鐵電子電壓調節器基本電路

其工作原理如下：

(1)點火開關K剛接通時，發動機不轉，發電機不發電，蓄電池電壓加在分壓器R_1、R_2上，此時因U_P較低不能使穩壓管VS反向擊穿，VT_1截止。此時，由於R_3的分壓作用，使得VT_2導通，發電機磁場電路接通(他勵完成)，此時由蓄電池供給磁場電流，電路為：蓄電池正極→點火開關K→調節器B接線柱→三極管VT_2→調節器F接線柱→發電機F接線柱→勵磁繞組→發動機E接線柱→搭鐵→蓄電池負極。隨著發動機的起動，發電機轉速升高，發電機他勵發電，電壓上升。

(2)當發電機電壓升高到稍高於蓄電池電壓時(發電機轉速大約在 900 r/min 時)，發電機自勵發電開始對蓄電池充電，如果此時發電機輸出電壓U_B小於調節器調節電壓上限，VT_1繼續截止，VT_2繼續導通，但此時的磁場電流由發電機供給，通路為：發電機正極→點火開關K→調節器B接線柱→三極管VT_2→調節器F接線柱→發電機F接線柱→勵磁繞組→發動機E接線柱→搭鐵→發電機負極。由於磁場電路一直導通，發電機電壓隨轉速升高迅速升高。

(3)當發電機電壓升高到等於調節上限時，調節器對電壓的調節開始。此時電阻 R_1、R_2 上的分壓 U_P 達到 VS 擊穿電壓，VS 導通，VT_1導通，VT_2截止，發電機磁場電路被切斷，由於磁場被斷路，磁通下降，發電機輸出電壓下降。

(4)當發電機電壓下降到等於調節下限時，電阻 R_1、R_2 分壓減小，U_P 下降到 VS 截止電壓，VS 截止，VT_1截止，VT_2重新導通，磁場電路重新被接通，發電機電壓上升。
重複(3)、(4)步驟，如此周而復始，發電機輸出電壓 U_B 被控制在一定範圍內。這就是內搭鐵電子電壓調節器的工作原理。

【任務實施】

一 實施內容

交流發電機的拆裝。

二 準備工作

(1)所需設備、工具和材料。實訓用車輛、拆裝工具、前柵格布、翼子板防護套、環保三件套、乾淨的帕子、車輪擋
塊等。

(2)安全防護用品。標準作業裝、安全鞋、線手套
等。

(3)資訊收集。
交流發電機型號：＿＿＿＿＿＿＿。

三 技術規範與注意事項

(1)嚴禁違規操作。
(2)使用維修手冊和電路圖時，要注意避免殘缺不全，資料應與使用車輛型號相對應。
(3)要遵守維修手冊規定的其他技術和安全要求。

四、任務實施步驟及方法

(1)一般準備工作。
①清點所需工具、量具數量和種類。
②檢查設備、工具、量具性能是否良好。
(2)安全防護準備工作。
①安裝車輪擋塊阻擋車輪。
②使用空擋和駐車制動。
③安裝好前柵格布、翼子板防護套、環保三件套。
(3)交流發電機的拆裝。
①將交流發電機從整車上拆下。
②用扭力扳手擰出發電機皮帶輪的緊固螺母，取出螺母墊圈。
③用拉器拉出發電機皮帶輪。
④擰下發電機後端蓋的整流器罩蓋螺栓，取出後端蓋。
⑤擰下發電機前後殼體各顆緊固螺栓，用橡膠錘敲擊轉子轉軸，取出前端蓋。

⑥取出發電機轉子繞組總成。
⑦在裝複前，用細砂紙對發電機轉子滑環接觸面進行打磨，並將軸承外圈及座上塗上少量潤滑油。
⑧將轉子裝入定子軸承座上，並用橡膠錘敲擊到位，然後將碳刷壓下並裝入，注意碳刷與滑環的工作面對位。
⑨擰緊調節器緊固螺栓，然後裝上後端蓋，並擰緊螺栓。
⑩裝上風扇葉輪與止推墊圈。
⑪緊前後端蓋鎖緊螺栓。
⑫發電機皮帶輪、彈簧墊及平墊片，並用扭力扳手擰緊螺母。
⑬交流發電機安裝在汽車上。
注意事項：
(1)拆裝過程中不得丟失、損壞和漏裝零部件。
(2)拆裝過程中有問題時，應及時向指導老師報告。
(4)現場恢復。
①收回、清點、整理工具、量具及設備。
②與小組成員共同清潔場地及實訓車輛。

【任務檢測】

一、填空題

1. 交流發電機的功用是＿＿＿＿＿＿＿＿＿＿。
2. 交流發電機主要由＿＿＿＿＿＿＿＿＿＿組成。
3. 交流發電機的轉子的作用是＿＿＿＿＿＿＿＿。
4. 交流發電機定子的作用是＿＿＿＿＿＿＿＿。

5. 交流發電機整流器的作用是＿＿＿＿＿＿＿＿＿＿。
6. 交流發電機輸出的是＿＿＿＿＿＿＿＿（直流/交流）電。
7. 電壓調節器的功用是＿＿＿＿＿＿＿＿＿＿＿＿。

二、思考題

1. 簡述交流發電機的發電工作原理。

2. 根據圖 5-2-12 所示，簡述九管交流發電機的整流原理。

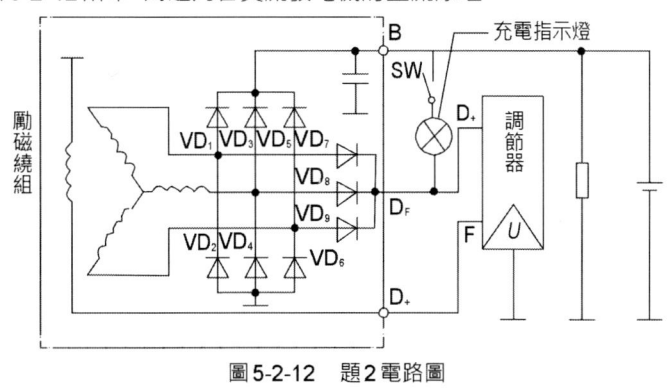

圖 5-2-12　題 2 電路圖

3. 根據圖 5-2-13 所示，簡述內搭鐵電子電壓調節器的工作原理。

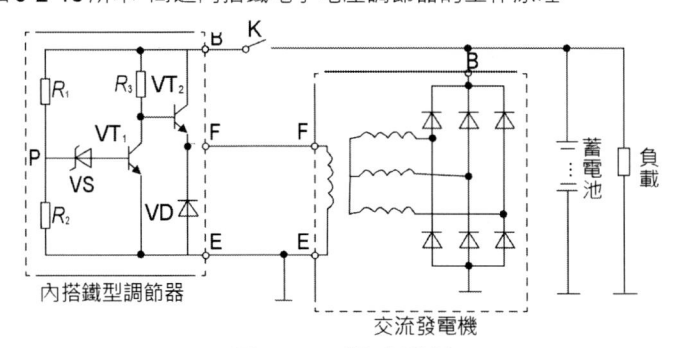

圖 5-2-13　題 3 電路圖

【評價與回饋】

序號	考核項目	分值	考核內容	配分	考核標準	得分
1	出勤 紀律	5分	出勤	2分	違規一次不得分	
			行為規範	3分	違規一次不得分	
2	安全 防護、環保	20分	著裝	2分	違規一次不得分	
			個人防護	3分	違規一次不得分	
			"5S" "EHS"	5分	違規一次不得分	
			設備使用安全	5分	違規一次不得分	
			操作安全	5分	違規一次不得分	
3	任務檢測	20分	任務測驗成績	20分	測驗成績的20%計	
4	技能考核	35分	技能測驗成績	35分	測驗成績的35%計	
5	學習能力	10分	工單填寫、工藝計畫制訂	4分	未做不得分	
			組內活動情況	5分	酌情扣分	
			資料查閱和收集	1分	未做不得分	
6	任務拓展	10分	知識拓展任務	2分	未做不得分	
			技能拓展任務	8分	未做不得分	
	總分	100分				

【教師評估】

序號	優點	存在問題	解決方案

教師簽字：

【學習後記】

項目六 類比電路基礎元件的認知

任務一 認知與檢測二極體

【任務目標】

目標類型	目標要求
知識目標	(1)能描述二極體的工作特性及主要參數 (2)能識別二極體
技能目標	能檢測二極體
情感目標	(1)養成"5S""EHS"意識 (2)能配合小組完成項目任務，幫助其他成員

【任務描述】

二極體是汽車類比電路的主要器件。它們以體積小、品質小、功耗小、壽命長、可靠性高等優點獲得了迅速發展，在汽車上應用廣泛。

【知識準備】

一、半導體基本知識

(一)P型與N型半導體

在物理學中，按照材料的導電能力，可以把材料分為導體、半導體與絕緣體。在電子技術中，常用的半導體材料有矽(Si)、鍺(Ge)和化合物半導體，如砷化鎵(GaAs)等，目前最常用的半導體材料是矽。

目前半導體工業中使用的材料是完全純淨、結構完整的半導體材料，這種材料稱為本征半導體。當然，絕對純淨的物質實際上是不存在的。半導體材料通常要求純度達到99.999999%，而且絕大多數半導體的原子排列十分整齊，呈晶體結構。本征矽原子最外層有四個電子，其受原子核的束縛力最小，稱為價電子，如圖 6-1-1 所示。晶體的結構是三維的，在晶體結構中，原子之間的距離非常近，每個矽原子的最外層價電子不僅受到自身原子核的吸引，同時也受到相鄰原子核的吸引，使得其為兩個原子核共有，形成共有電子對，稱為共價鍵結構。在熱力學溫度零度(即 $T=0K$,約為-273.15℃)時,所有價電子被束縛在共價鍵內,不能成為自由電子。所以此時的半導體的表現就和絕緣體一樣,不能導電。

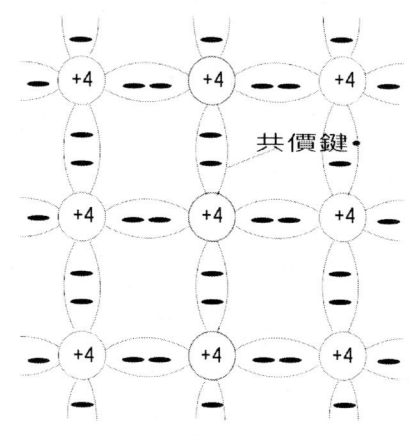

圖6-1-1　半導體矽共價鍵結構

在本徵半導體中摻入五價元素磷。由於摻入雜質比例很小,不會破壞原來的晶體結構。摻入的磷原子取代了某些位置上的矽原子,如圖6-1-2所示。磷原子參加共價鍵結構只需要四個價電子,多餘的第五個價電子很容易掙脫磷原子核的束縛,成為自由電子,於是半導體中的自由電子數目大量增加。這種由大量自由電子參與導電的雜質半導體稱為電子型半導體或N型半導體。

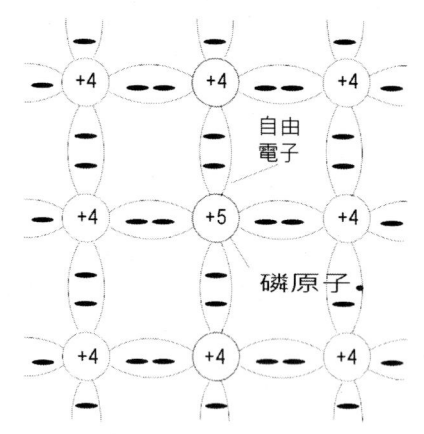

圖6-1-2　摻雜磷後半導體結構

在本徵半導體中摻入三價元素硼。由於每個硼原子只有三個價電子,所以就形成了一個天然的空穴。這樣,在半導體中就形成了大量的空穴。這種由大量空穴參與導電的雜質半導體稱為空穴型半導體或P型半導體,如圖6-1-3所示。

在摻雜半導體中多數載流子主要是由摻入的雜質元素提供的,所以可以通過控制摻雜濃度來改變半導體的導電能力。摻雜半導體中儘管有一種載流子占多數,但是整個晶體仍然是呈電中性的。

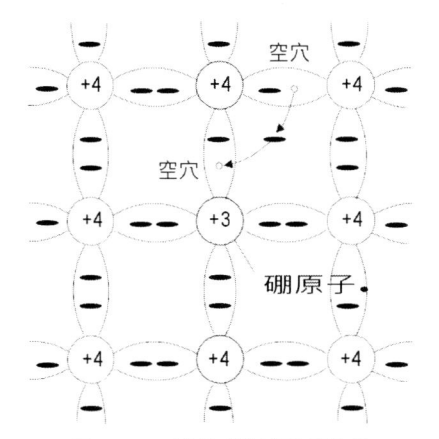

圖6-1-3　摻雜硼後半導體結構

（二）PN 結及其特性

在一塊完整的矽片上，用不同的摻雜工藝使其一邊形成 N 型半導體，另一邊形成 P 型半導體，那麼在兩種半導體交界面附近就形成了 PN 結，如圖6-1-4所示。

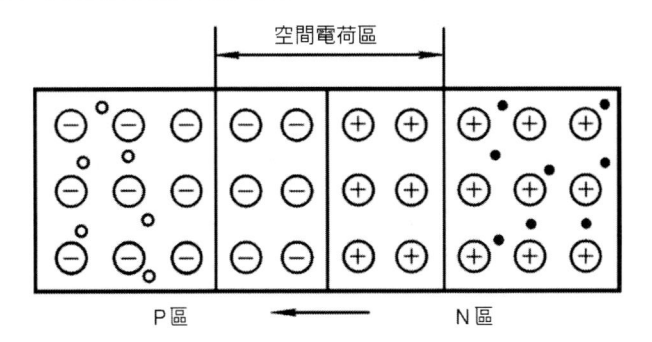

圖6-1-4　PN結結構

P型半導體和N型半導體結合後，在它們的交界處就出現了自由電子和空穴的濃度差。N型區內的自由電子很多而空穴很少，P型區內的空穴很多而自由電子很少，這樣自由電子和空穴都要從濃度高的地方向濃度低的地方擴散。因此，有些自由電子要從N型區向P型區擴散，也有一些空穴要從P型區向N型區擴散。自由電子和空穴帶有相反的電荷，它們在擴散過程中要產生複合，結果使P區和N區中原來的電中性被破壞。P區失去空穴留下帶負電的離子，N區失去自由電子留下帶正電的離子，這些離子因物質結構的關係，它們不能移動，因此稱為空間電荷，它們集中在P區和N區的交界面附近，形成了一個很薄的空間電荷區，這就是所謂的 PN 結。

在空間電荷區後，由於正、負電荷之間的相互作用，在空間電荷區中形成一個電場，其方向從帶正電的N區指向帶負電的P區，由於該電場是由載流子擴散後在半導體內部形成的，故稱為內電場。顯然，內電場對多數載流子的擴散運動起阻礙作用，但卻把P區的少數載流子(包括N區擴散到P區的)電子拉向N區，把N區的少數載流子(包括P區擴散到N區的)空穴拉向P區，形成所謂的漂移運動。

綜上所述，PN結中存在著兩種載流子的運動。一種是多數載流子克服電場阻力的擴散運動；另一種是少數載流子在內電場的作用下產生的漂移運動。因此，只有當擴散運動與漂移運動達到動態平衡時，空間電荷區的寬度和內建電場才能相對穩定。由於兩種運動產生的電流方向相反，因而在無外電場或其他因素激勵時，PN結中無宏觀電流。

PN結在未加外加電壓時，擴散運動與漂移運動處於動態平衡，通過PN結的電流為零。當電源正極接 P 區，負極接 N 區時，稱為給 PN 結加正向電壓或正向偏置，如圖 6-1-5 所示。

由圖可見，外加電壓在PN結上形成外電場，此時外電場與PN結內電場的方向相反。在外電場作用下，載流子的擴散運動和漂移運動的平衡被打破，外電場驅使P型區中的多數載流子(空穴)和N型區中的多數載流子(自由電子)都向PN結運動。

當P型區空穴進入PN結後，就要與PN結中P型區的負離子複合，使P型區的電荷量減少；同時N型區自由電子進入PN結後，就要與PN結中N型區的正離子複合，使N型區的電荷量減少。結果PN結變窄，於是N區的自由電子不斷地擴散到P型區，形成擴散電流。然而，當外加電壓較小時，並不能完全削弱內電場，此時，只有很小的電流，只有外加電壓增加到某一值時，才產生較大的擴散電流，該電壓稱為PN結的死區電壓，一般矽材料為0.7V，鍺材料為0.3V。

由上可知，PN結正向偏置時導通電流很大(外加電壓大於死區電壓時)。

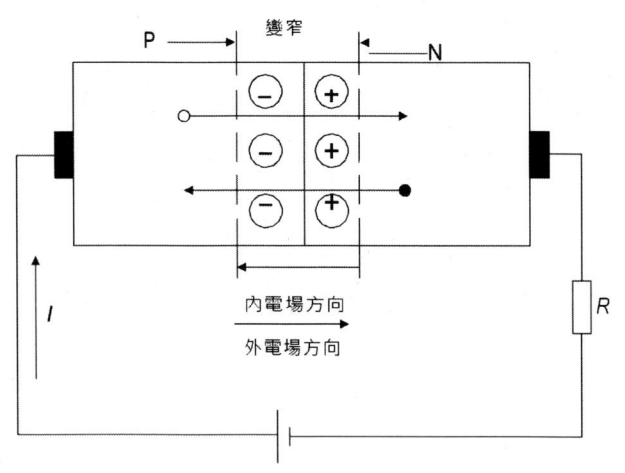

圖6-1-5　正向電壓下的PN結

當電源正極接 N 區，負極接 P 區時，稱為給 PN 結加反向電壓或反向偏置。反向電壓產生的外加電場的方向與內電場的方向相同，使 PN 結內電場加強，它把 P 區的多數載流子(空穴)和 N 區的多數載流子(自由電子)從 PN 結附近拉走，使 PN 結進一步加寬，PN 結的電阻增大，打破了 PN 結原來的平衡，在電場作用下的漂移運動大於擴散運動，形成的反向電流很小，一般在微安級。所以在 PN 結反向偏置時，可以認為基本不導通(或稱截止)，表現出很大電阻性。如圖 6-1-6 所示。

由上述可知，PN 結正偏時導通，電阻很小，電流很大；反偏時截止，電阻很大，電流很小。這就是 PN 結的單嚮導通性。

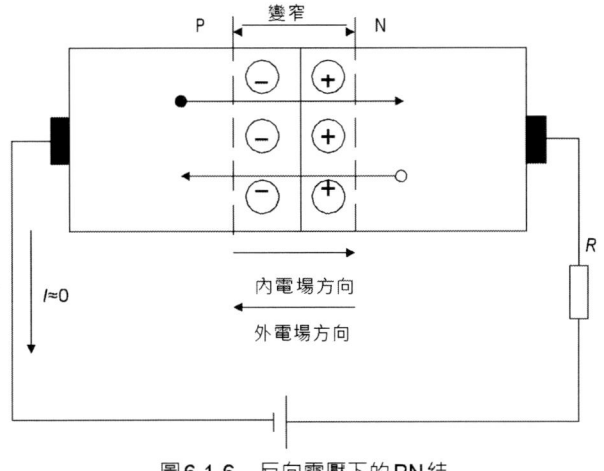

圖6-1-6 反向電壓下的PN結

二、二極體的結構與符號

　　晶體二極管也稱半導體二極體。二極體是由一個PN結構成的半導體器件，即將一個PN結加上兩條電極引線做成管芯，並用管殼封裝而成。P型區的引出線稱為正極或陽極，N型區的引出線稱為負極或陰極，如圖6-1-7所示。

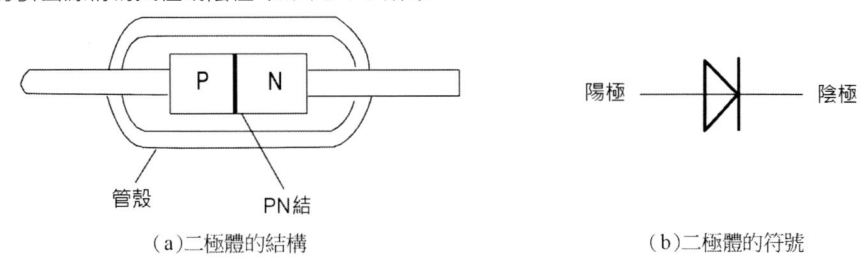

(a)二極體的結構　　　　　　　　　　(b)二極體的符號
圖6-1-7　二極體的結構和符號

　　二極體的種類很多，按使用的半導體材料分，有矽二極體和鍺二極體；按用途分，有普通二極體、整流二極體、穩壓二極體、光敏二極體、熱敏二極體、發光二極體等；按結構分，有點接觸型二極體和麵接觸型二極體。其中，點接觸型二極體如圖6-1-8(a)所示，它是由一根根細的金屬絲熱壓在半導體薄片上製成的。點接觸型二極體的金屬絲和半導體的金屬面很小，雖難以通過較大的電流，但因其結電容較小，因而可以在較高的頻率下工作。面接觸型二極體如圖6-1-8(b)所示，它是利用擴散、多用合金及外延等摻雜質方法，實現P型半導體和N型半導體直接接觸而形成PN結的。面接觸型二極體PN結的接觸面積大，可以通過較大的電流，適用於大電流整流電路或在脈衝數位電路中作開關管。因其結電容相對較大，故只能在較低的頻率下工作。圖6-1-8(c)所示是矽工藝平面型二極體的結構圖，是集成電路中常見的一種形式。

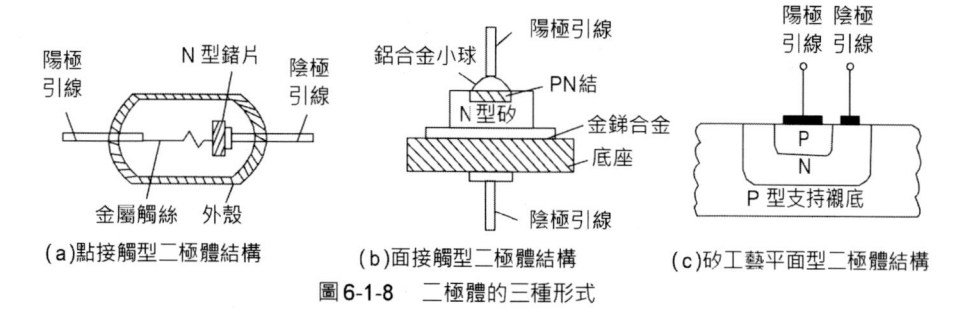

(a)點接觸型二極體結構　(b)面接觸型二極體結構　(c)矽工藝平面型二極體結構

圖6-1-8　二極體的三種形式

三、二極體的伏安特性

二極體是由一個PN結構成的，它的主要特性就是單向導電性，可以用它的伏安特性來表示。

二極體的伏安特性是指流過二極體的電流與加於二極體兩端的電壓之間的關係。用逐點測量的方法測繪出來或用電晶體圖示儀顯示出來的 $U-I$ 曲線，稱為二極體的伏安特性曲線。圖6-1-9是二極體的伏安特性曲線示意圖，以此為例說明其特性。

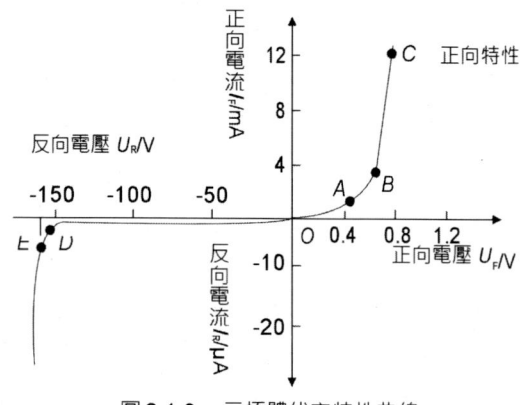

圖6-1-9　二極體伏安特性曲線

(一)正向特性

當正向電壓較小時，二極體呈現的電阻很大，基本上處於截止狀態，這個區域常稱為正向特性的"死區"。一般矽二極體的"死區"電壓約為0.5 V，鍺二極體約為0.1 V。

當正向電壓超過"死區"電壓後，二極體的電阻變得很小，二極體處於導通狀態，二極體導通後兩端電壓降基本保持不變。矽二極體導通電壓為0.6~0.8 V，一般取0.7 V，鍺二極體導通電壓為0.2~0.3 V，一般取0.3 V。

(二)反向特性

當二極體兩端外加反向電壓時，PN結內電場進一步增強，使擴散更難進行。這時只有少數載流子在反向電壓作用下的漂移運動形成微弱的反向電流，稱為漏電流。漏電流基本不隨反向電壓的變化而變化，該區域稱為反向截止區。

(三)反向擊穿特性

當反向電壓增大到一定數值 U_{BR} 時,反向電流劇增,這種現象稱為二極體的擊穿。此時的 U_{BR} 電壓值叫作擊穿電壓。U_{BR} 視不同二極體而定,普通二極體一般在幾十伏以上且矽管較鍺管高。

擊穿特性的特點是,雖然反向電流劇增,但二極體的端電壓卻變化很小,這一特點成為製作穩壓二極體的依據。

(四)溫度對二極體伏安特性的影響

二極體是對溫度敏感的器件,溫度的變化對其伏安特性的影響主要表現為:隨著溫度的升高,其正向特性曲線左移,即正向壓降減小;反向特性曲線下移,即反向電流增大。一般在室溫附近,溫度每升高 1 ℃,其正向壓降減小 2～2.5 mV;溫度每升高 10 ℃,反向電流增大 1 倍左右。

綜上所述,二極體的伏安特性具有以下特點。

(1)二極體具有單向導電性。
(2)二極體的伏安特性具有非線性。
(3)二極體的伏安特性與溫度有關。

四、二極體的主要參數

(一)最大整流電流 I_{FM}

I_{FM} 是指二極體長期工作時,允許通過的最大正向平均電流。它與 PN 結的面積、材料及散熱條件有關。實際應用時工作電流應小於 I_{FM},否則,可能導致結溫過高而燒毀 PN 結。

(二)最高反向工作電壓 U_{RM}

U_{RM} 是指二極體反向運用時,所允許加的最大反向電壓。實際應用時,當反向電壓增加到擊穿電壓 U_{BR} 時,二極體可能被擊穿損壞,因而 U_{RM} 通常取為 $(1/2～2/3)U_{BR}$。

(三)反向電流 I_R

I_R 是指二極體未被反向擊穿時的反向電流。考慮表面漏電等因素,實際上 I_R 稍大一些。I_R 愈小,表明二極體的單向導電性能愈好。另外,I_R 與溫度密切相關,使用時應注意。

(四)最高工作頻率 f_M

f_M 是指二極體正常工作時,允許通過交流信號的最高頻率。實際應用時,不要超過此值,否則二極體的單向導電性將顯著退化。f_M 的大小主要由二極體的電容效應來決定。

五、特殊用途的二極體簡介

(一)穩壓管

在二極體上所加的反向電壓如果超過二極體的承受能力,二極體就要擊穿損毀。但是有一種二極體,它的正向特性與普通二極體相同,而反向特性卻比較特殊:當反向電壓加到一定程度時,雖然管子呈現擊穿狀態,通過較大電流,卻不損毀,並且這種現象的重複性很好;反過來看,只要管子處在擊穿狀態,儘管流過管子的電流變化很大,而管子兩端的電壓卻變化極小,能起到穩壓作用。這種特殊的二極體叫穩壓管。穩壓管(也稱為齊納二極體)是一種用特殊工藝製造的面接觸型矽半導體二極體,其符號如圖6-1-10(a)所示。這種管子的雜質濃度比較大,空間電荷區內的電荷密度高,且很窄,容易形成強電場。當反向電壓加到某一定值時,反向電流急劇增加,產生反向擊穿,只要反向電流不超過I_{ZM},仍能正常工作,其特性如圖6-1-10(b)所示。

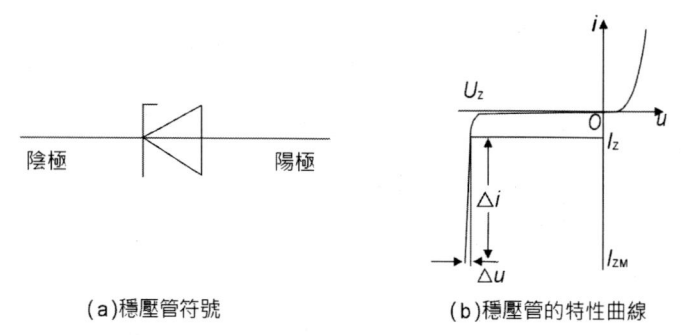

(a)穩壓管符號　　　(b)穩壓管的特性曲線

圖6-1-10　穩壓管

穩壓管是利用反向擊穿區的穩壓特性進行工作的,因此,穩壓管在電路中要反向連接。穩壓管的反向擊穿電壓稱為穩定電壓,不同類型穩壓管的穩定電壓不一樣,某一型號的穩壓管的穩壓值固定在一定範圍。例如 2CW11的穩壓值是3.2V到4.5V,其中某一隻管子的穩壓值可能是3.2V,另一隻管子則可能是4.5V。

如圖 6-1-11是汽車儀錶電路的穩壓電路,它是由穩壓管和限流電阻串聯組成。其中穩壓管與負載電路並聯,以便發揮穩壓作用。

穩壓電路的穩壓原理是:當蓄電池電壓上升時,穩壓管的反向電壓略有增大,根據反向擊穿特性可知,其反向電流大大增加。這將引起限流電阻的電流和電壓增加,若電阻選擇合適,則其電壓的增量將抵消掉蓄電池電壓的增量,使儀錶上的電壓基本不變。相反,當蓄電池電壓減小時,限流電阻上的電壓減小,保證了儀錶上的電壓基本不變。

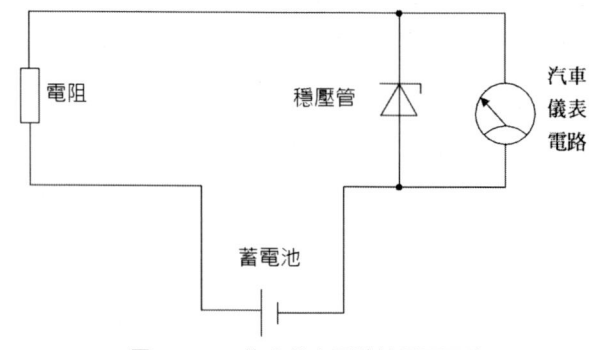

圖6-1-11　汽車儀表電路的穩壓電路

(二)發光二極體(LED)

發光二極體的實質是由P型半導體和N型半導體組成的一個PN結,如圖6-1-12所示是發光二極體的實物和符號。其簡單工作原理是:PN結的N側和P側的電荷載流子分別為電子和空穴，如果加一正偏壓，使電流沿圖6-1-13(a)所示方向通過器件，複合區中的空穴就穿過結進入N型區，複合區中的電子也會越過結進入P型區，在結的附近，多餘的載流子會發生複合，在複合過程中會發光，即N+P→光子，如圖6-1-13(b)所示。

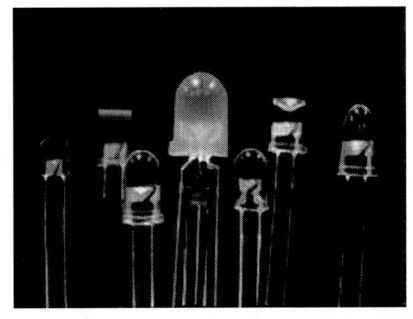

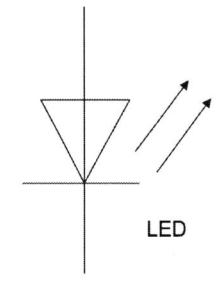

圖6-1-12　發光二極體與符號

不同的半導體材料，發出的光的顏色是不一樣的，用砷化鎵(GaAs)時，複合區發出的光是紅色的；用磷化鎵(GaP)時，則發出綠色的光。發光二極體在使用時必須正向偏置，還應串接限流電阻，不能超過極限工作電流 I_{FM}。在使用時，工作溫度一般為-20～75℃，不能安裝在發熱元件附近。

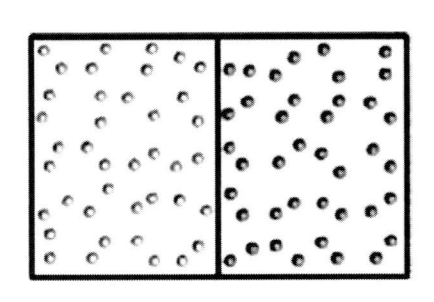

(a)發光二極管是N型(左)和P型(右)的結器件

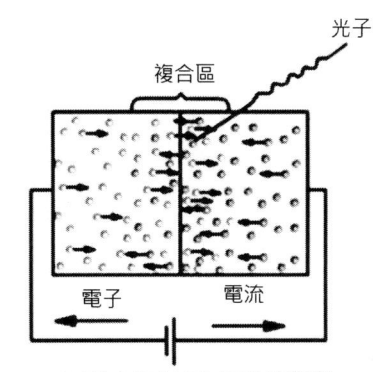

(b)結上加上正向偏置，兩種載流子越過結，並在結處進行複合而發出光子

圖6-1-13　發光二極體原理圖

在發光二極體技術發展的早期，LED已經被用於汽車儀錶照明和車內一些電子設備的指示燈。基於技術的迅猛發展和成本的不斷下降，時至今日，採用LED信號燈或室內燈的車型已不罕見。首先與傳統的白熾燈泡不同，LED是一種幾乎不發熱的光源，這就使其壽命大大增加。發光二極體的使用壽命可達5萬至10萬小時，即5至10年以上，一般在車輛壽命期間無須更換。LED照明可以直接把電能轉化為光能，完全能夠滿足環保節能的需要。反觀一隻白熾燈泡，只能把電能的12%~18%轉化為光能，其餘電能都轉化為熱能散發了。普通白熾燈泡的啟動時間較長，一般在100～300 ms，而LED的啟動時間僅為幾十納秒。對高速行駛中至關重要的制動燈而言，這樣的時間差距就意味著相差4～7 m的剎車距離，可大大降低事故發生率。在汽車照明產品中，目前應用LED技術最多的是高位剎車燈，常見的適用

車型有奧迪 A4、賓士 3 系列 E36 和 E46、福斯 4 等。將 LED 光源運用於組合尾燈的成功範例也很多，如 BMW 5 系列、賓士 S 級等都採用了造型獨特的 LED 後尾燈。下面舉一個 LED 在汽車上的應用。

如圖 6-1-14 是汽車上的液面檢測報警電路。永久磁鐵是浮子，舌簧管是靜止的，由它們組成液位感測器。其工作原理是：在液位正常時，舌簧管觸點斷開，報警燈不發光。當液位低於規定值時，磁鐵浮子下移到舌簧管中部，在磁場作用下觸點閉合，報警燈電路接通而發光報警。

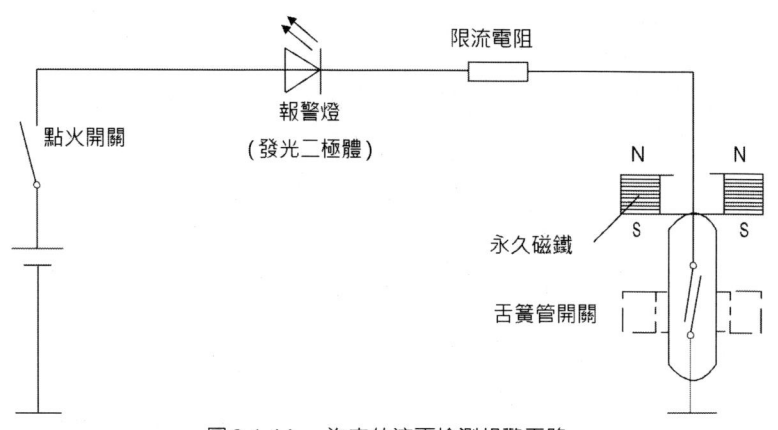

圖 6-1-14　汽車的液面檢測報警電路

(三)光電二極體(光敏二極體)

半導體光電二極體與普通的半導體二極體一樣，都具有一個 PN 結，但與普通二極體不同的是，光電二極體的 PN 結面積儘量做得大一些，電極面積儘量小些，PN 結的結深很淺，一般小於 1 μm。另外就是管殼上有一個能讓光照射入其光敏區的窗口。

光電二極體是在反向電壓作用下工作的，它的正極接較低的電平，負極接較高的電平。工作電路如圖 6-1-15(b)所示。沒有光照時，反向電流極其微弱，稱為暗電流；有光照時，反向電流迅速增大到幾十微安，稱為亮電流。光的強度越大，反向電流也越大。光的變化引起光電二極體電流變化，該電流流經負載，產生輸出電壓 U。由此可以把光信號轉換成電信號，故將其稱為光電感測器件。

光電二極體使用時，應儘量選用暗電流小的產品，管殼必須保持清潔，以保持其光電靈敏度，管殼髒了，應用酒精及時清洗。

(a)符號　　　　　　　　(b)工作原理

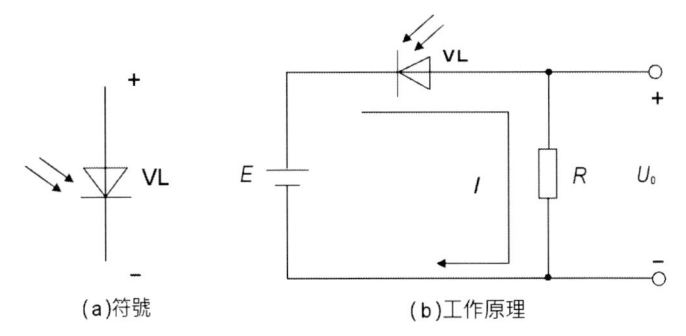

圖6-1-15　光電二極體電路符號與工作原理

六、二極體的檢測

普通二極體外殼上均印有型號和標記。標記方法有箭頭、色點、色環3種，箭頭所指方向或靠近色環的一端為二極體的負極，有色點的一端為正極。若型號和標記脫落時，可用萬用表的歐姆擋進行判別。主要原理是根據二極體的單向導電性，其反向電阻遠遠大於正向電阻，具體過程如下。

1. 判別極性

將萬用表選在"$R\times100$"擋或"$R\times1k$"擋，兩表筆分別接二極體的兩個電極。若測出的電阻值較小(矽管為幾百到幾千歐姆，鍺管為100 W～1 kW)，說明是正嚮導通，此時黑表筆接的是二極體的正極，紅表筆接的則是負極；若測出的電阻值較大(幾萬歐姆以上)，為反向截止，此時紅表筆接的是二極體的正極，黑表筆接的是負極。如圖6-1-16所示。

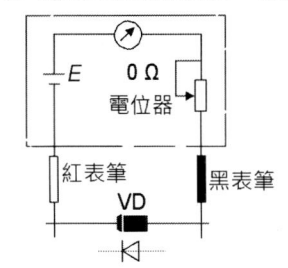

圖6-1-16　判別極性方法示意圖

2. 檢查好壞

通過測量正、反向電阻可判斷二極體的好壞。一般小功率矽二極體正向電阻為幾千歐姆到幾兆歐姆，鍺管為100 W～1 kW。如圖6-1-17所示。

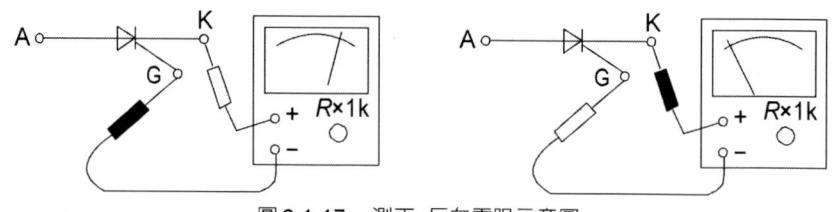

圖6-1-17 測正、反向電阻示意圖

3. 判別矽、鍺管

若不知被測的二極體是矽管還是鍺管,可用上述測量二極體好壞的方法,測量二極體的正向電阻(兩次測量中阻值最小的是正向電阻)如果用萬用表"R×100"擋測得二極體的正向 電阻在500Ω至1kΩ之間,則這是鍺管;如果測得正向電阻在幾千歐至幾萬歐姆之間,則是矽管。如圖6-1-18所示。

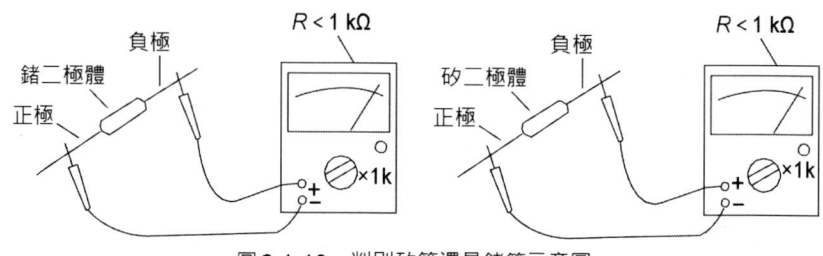

圖6-1-18 判別矽管還是鍺管示意圖

【任務實施】

一、實施內容

二極體檢測。

二、準備工作

(1)所需設備、工具和材料。二極體、萬用表。
(2)安全防護用品。標準作業裝、安全鞋、線手套等。
(3)資訊收集。
二極體型號:＿＿＿＿＿＿。

三、技術規範與注意事項

(1)嚴禁違規操作。
(2)使用維修手冊和電路圖時,要注意避免殘缺不全,資料應與使用車輛型號相對應。
(3)要遵守維修手冊規定的其他技術和安全要求。

四 任務實施步驟及方法

1. 判別極性

將萬用表選在"$R\times100$"擋或"$R\times1k$"擋，兩表筆分別接二極體的兩個電極。若測出的電阻值較小(矽管為幾百到幾千歐姆，鍺管為 100 W～1 kW)，說明是正嚮導通，此時黑表筆接的是二極體的正極，紅表筆接的則是負極；若測出的電阻值較大(幾萬歐姆以上)，為反向截止，此時紅表筆接的是二極體的正極，黑表筆接的是負極。

2. 檢查好壞

通過測量正、反向電阻可判斷二極體的好壞。一般小功率矽二極體正向電阻為幾千歐姆到幾兆歐姆，鍺管為100W～1kW。

3. 判別矽、鍺管

若不知被測的二極體是矽管還是鍺管，可根據矽、鍺管的導通壓降不同的原理來判別。將二極體接在電路中，當其導通時，用萬用表測其正向壓降矽管一般為 0.6～0.7 V，鍺管為 0.1～0.3 V。也可以用數位表直接測量二極體的正向壓降，馬上判斷出該二極體的材料。

4. 現場恢復

(1)收回、清點、整理工具、量具及設備。

(2)與小組成員共同清潔場地及實訓車輛。

【任務檢測】

1. 二極體有何用途？

2. 二極體主要有哪些性能參數？

3. 如何用萬用表來判斷二極體的好壞和極性？

【評價與回饋】

序號	考核項目	分值	考核內容	配分	考核標準	得分
1	出勤 紀律	5分	出勤	2分	違規一次不得分	
			行為規範	3分	違規一次不得分	
2	安全 防護、環保	20分	著裝	2分	違規一次不得分	
			個人防護	3分	違規一次不得分	
			"5S" "EHS"	5分	違規一次不得分	
			設備使用安全	5分	違規一次不得分	
			操作安全	5分	違規一次不得分	
3	任務檢測	20分	任務測驗成績	20分	測驗成績的 20%計	
4	技能考核	35分	技能測驗成績	35分	測驗成績的 35%計	
5	學習能力	10分	工單填寫·工藝計畫制訂	4分	未做不得分	
			組內活動情況	5分	酌情扣分	
			資料查閱和收集	1分	未做不得分	
6	任務拓展	10分	知識拓展任務	2分	未做不得分	
			技能拓展任務	8分	未做不得分	
	總分	100分				

【教師評估】

序號	優點	存在問題	解決方案

教師簽字：

【學習後記】

任務二　認知與檢測三極管

【任務目標】

目標類型	目標要求
知識目標	(1)能描述三極管的工作特性及主要參數 (2)能識別三極管
技能目標	能檢測三極管
情感目標	(1)養成"5S""EHS"意識 (2)能配合小組完成項目任務,幫助其他成員

【任務描述】

三極管是汽車類比電路的主要器件,它們以體積小、品質小、功耗小、壽命長、可靠性高等優點獲得了迅速發展,它們在汽車上應用廣泛。

【知識準備】

一、三極管的結構和類型

(一)三極管的結構

具有兩個PN結的半導體器件稱為半導體三極管,簡稱三極管,亦稱電晶體。三極管是一種很重要的半導體器件。自1948年問世以來,它的放大作用和開關作用促使電子技術飛速發展。

三極管由兩個PN結、三層半導體和三個電極構成。中間區域引出的電極叫基極,用B表示。兩邊的電極一個叫發射極,用E表示,另一個叫集電極,用C表示。三極管三個區的特點是:發射極摻雜濃度大;基區很薄;集電極體積大、摻雜少。因此,決不能把發射極和集電極顛倒使用,也不能用兩個二極體串並聯來代替三極管。三極管的內部結構、符號和外形如圖6-2-1所示,符號中的箭頭表示發射結加正向電壓時的內部電流方向。

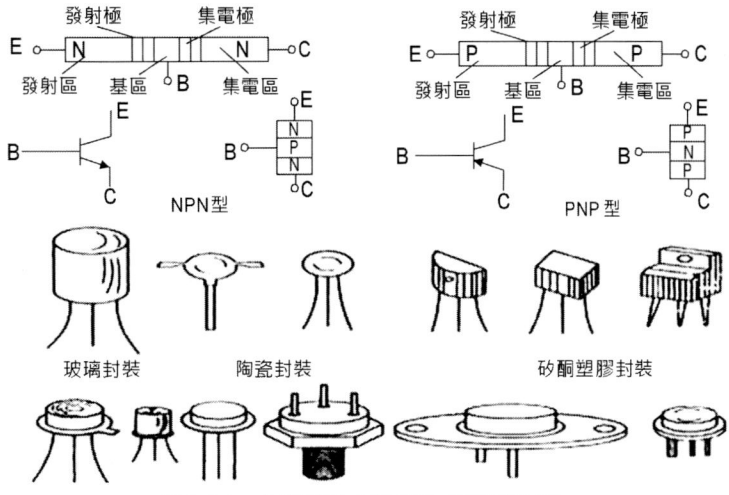

圖6-2-1　三極管的內部結構、符號及外形

(二)三極管的類型

三極管按製造材料可分為矽管和鍺管兩大類。這兩類三極管的特性基本相同,但矽管受溫度影響較小,工作穩定,所以它較廣泛地應用於各種電路,如汽車電子調節器點火控制器、燃油噴射系統電控單元等。根據三極管的內部結構可分為NPN型和PNP型兩種。目前,我國生產的矽管多為 NPN 型,鍺管多為 PNP 型。根據用途可分為放大管和開關管;根據功率可分為小功率管(功率小於1W)和大功率管(功率大於或等於1W)兩種。

二、三極管的電流放大作用

(一)三極管的工作電壓

為了保證三極管正常工作,必須在發射極加一個正向電壓(即處於正向偏置),在集電極加一個反向電壓(即處於反向偏置),如圖 6-2-2 所示。一般加在基極與發射極之間的偏置電壓,矽管約為0.7V,鍺管約為0.3V;加在集電極與發射極之間的電壓一般為幾伏到幾十伏。

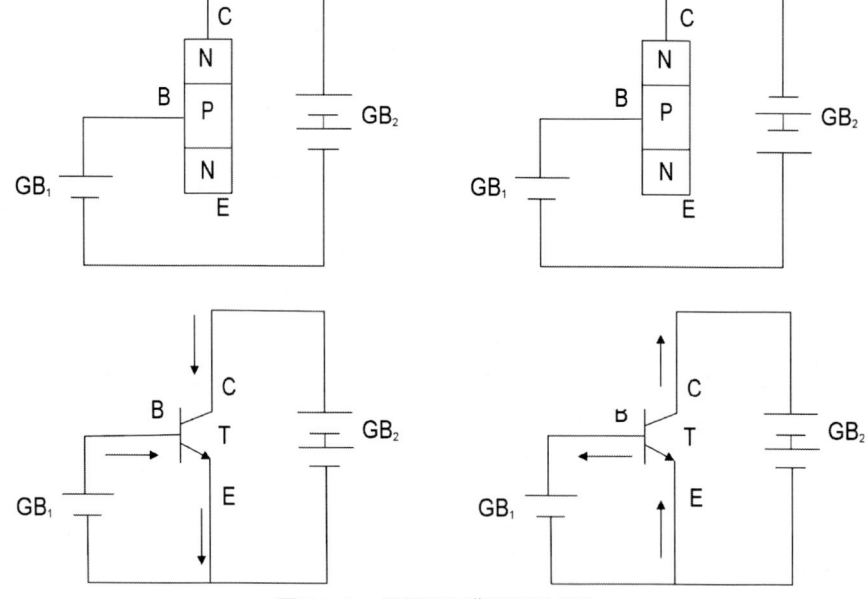

圖6-2-2　三極管工作電壓的加法

(二)三極管的電流分配

為瞭解三極管的電流放大作用,可用圖 6-2-3 所示電路對三極管的基極電流 I_B、集電極電流 I_C 與發射極電流 I_E 之間的關係進行測試。調節可調電阻 R_B 可使 I_B 發生變化。當 I_B 變化時,I_C 和 I_E 也隨之變化。每調節一次 I_B 就會得到一組相應的 I_C 和 I_E 值。

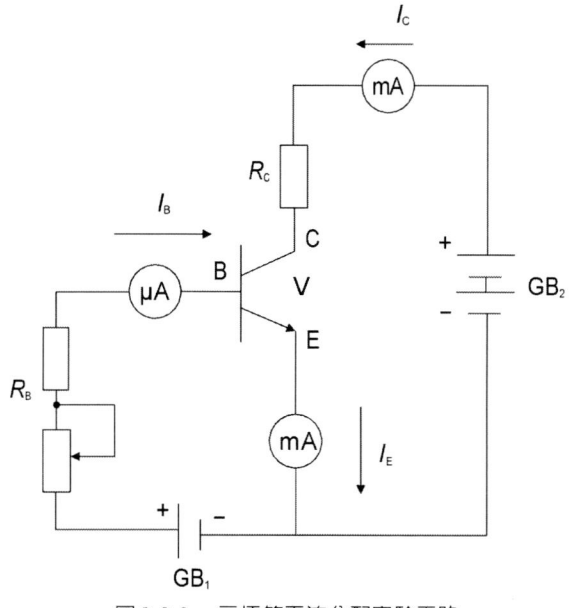

圖6-2-3　三極管電流分配實驗電路

三、三極管的特性曲線

(一)輸入特性曲線

輸入特性是指三極管集電極和發射極之間電壓U_{CE}一定時，基極電流I_B同基極與發射極之間電壓U_{BE}的關係，特性曲線如圖6-2-4所示。

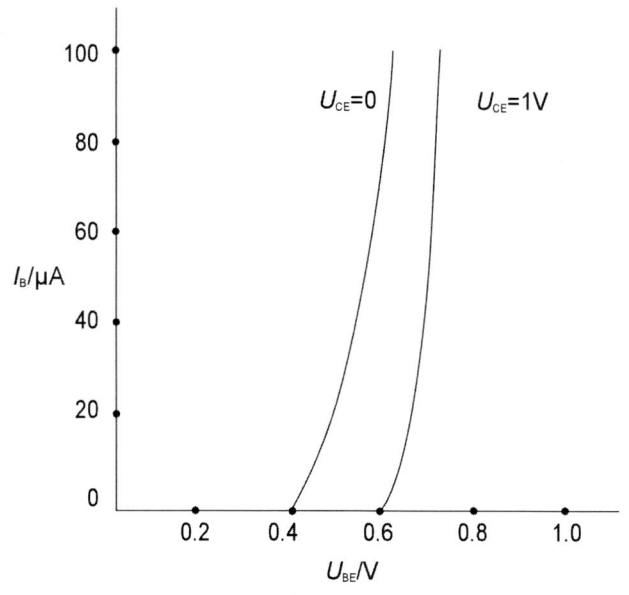

圖6-2-4　三極管輸入特性曲線

(二)輸出特性曲線

輸出特性是指三極管基極電流 I_B 為常數時,輸出電路中集電極電流 I_C 同集電極與發射極之間電壓 U_{CE} 的關係曲線。當 I_B 不同時,可得到不同的曲線,所以三極管共射極電路的輸出特性曲線是一組曲線族,如圖 6-2-5 所示。

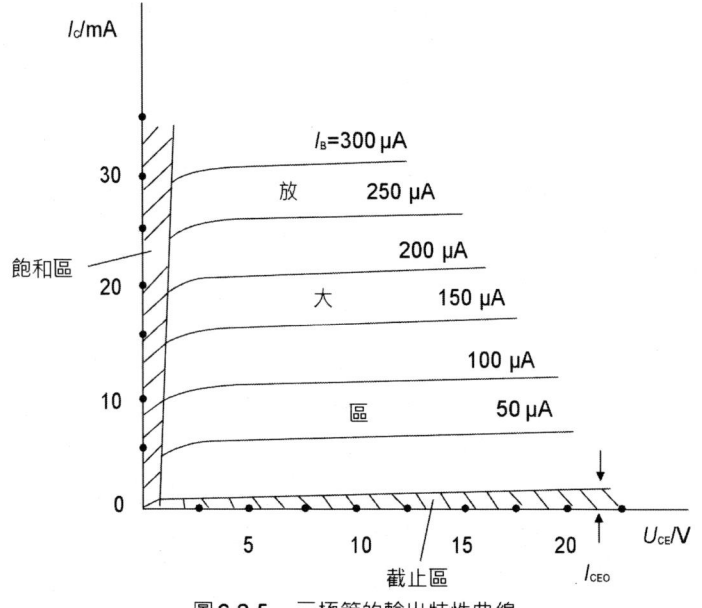

圖6-2-5 三極管的輸出特性曲線

由三極管的輸出特性曲線族可見,三極管有三個不同的工作區域,即放大區、截止區和飽和區。也就說三極管具有放大、截止和飽和三種不同的工作狀態。

四、三極管的主要參數

(一)電流放大係數 β

三極管工作時,集電極電流 I_C 與基極電流 I_B 的比值稱為電流放大係數。即:

$$\beta = I_C / I_B$$

(二)穿透電流 I_{CEO}

當三極管基極開路,集電結反偏,發射結正偏時,集電極與發射極之間的反向電流稱為穿透電流,用 I_{CEO} 表示。I_{CEO} 的大小一般與管子的品質和溫度有關。即:

$$I_{CEO} = (1+\beta)I_{CBO}$$

(三)集電極反向電流 I_{CBO}

發射極開路時,集電結的反向電流 I_{CBO} 越小越好。

(四)集電極最大允許電流 I_{CM}

當集電極電流 I_C 超一定值時,三極管的參數開始發生變化,特別是電流放大係數 β 將下降。β 值下降到正常值的 2/3 時的集電極電流稱為集電極最大允許電流 I_{CM}。

(五)集電極最大允許耗散功率 P_{CM}

當集電極電流流過集電結時，集電結溫度會升高，從而引起三極管參數變化。當三極管受熱而引起的參數變化不超過允許值時，集電極消耗的最大功率稱為集電極最大允許耗散功率 P_{CM}。

(六)反向擊穿電壓

加在三極管上的反向電壓可能導致 PN 結出現很大的反向電流而使 PN 結擊穿，導致 PN 結擊穿的最低反向電壓稱為反向擊穿電壓。

五、三極管的簡易判別

(一)基極和類型的判別

因為三極管由兩個PN結組成，所以，可以根據PN結正向電阻小、反向電阻大的特點，用萬用表的歐姆擋來判別。判別時先任意假設一個極為基極B，並將一支表筆接此電極，另一支表筆分別接其餘兩極進行測試，如圖 6-2-6 所示。如果測得電阻值都很小（或很大），再將兩表筆對調測試，其電阻若都很大（或很小）說明假設基極是對的。

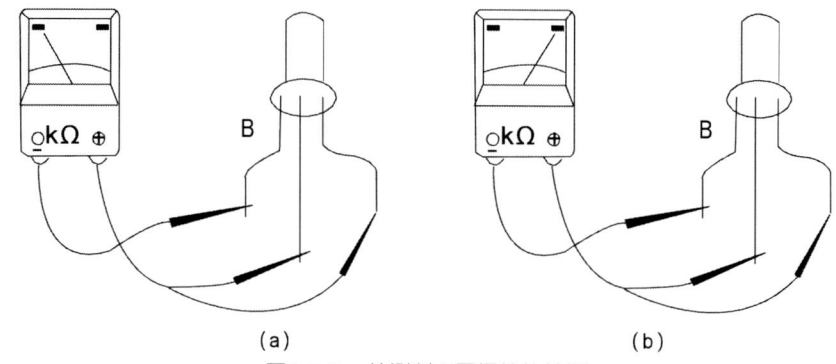

圖6-2-6　檢測判定三極管的基極

如果測量時兩個電阻一大一小，則判別是錯的，應換一個管腳再測，直到符合上面的情況為止。類型判別：當負表筆接三極管基極，正表筆分別接另外兩個電極進行測試。如測得的電阻值都很小，說明三極管為 NPN 型；如測得的電阻值都很大，說明三極管為 PNP 型。

(二)集電極和發射極的判別

三極管的基極確定後，再判別集電極和發射極。對於 NPN 型三極管可以將萬用表的兩表筆分別接基極以外的兩管腳，並在基極與黑棒之間接一隻 100 kΩ 的電阻，如圖 6-2-7 所示。如果此時萬用表的電阻值較小，對調兩表筆後電阻值較大，那麼測得電阻值小時黑棒接的管腳是集電極 C，紅棒接的就是發射極 P。

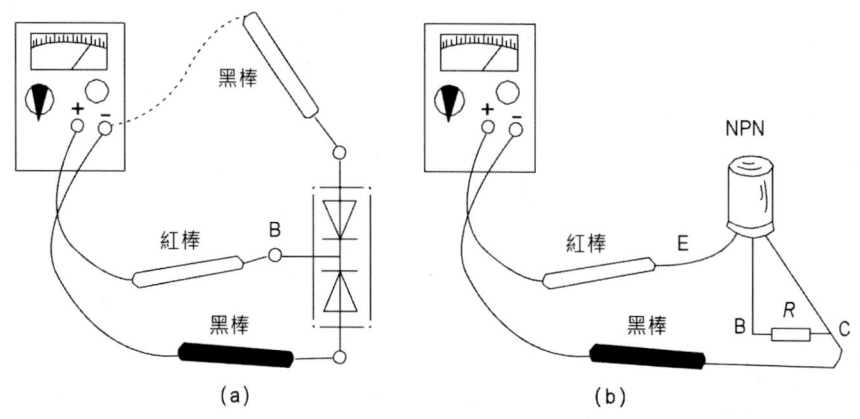

圖6-2-7　三極管集電極發射極的判定

(三)三極管好壞的判斷

根據PN結的單向導電性，可用萬用表判斷三極管的好壞。具體方法是分別測量B-E、P-C間PN結的正、反向電阻。如果測得的正、反向電阻相差很大，說明管子是好的；如果測得的正、反向電阻都很大，說明管子內部斷路；如果測得的正、反向電阻相差很小或為零，說明管子極間短路或擊穿。

(四)放大倍數β的判定

對於NPN型三極管，按圖6-2-7所示，分別測量電阻100 kΩ與基極連接和不連接時C-E間的電阻值。若兩次的讀數差別大，說明β值高，若相同或相差很小，說明β值很小或為零。

【任務實施】

一、實施內容

三極管檢測。

二、準備工作

(1)所需設備、工具和材料。三極管、萬用表。
(2)安全防護用品。標準作業裝、安全鞋、線手套等。
(3)資訊收集。
三極管型號：＿＿＿＿＿＿。

三、技術規範與注意事項

(1)嚴禁違規操作。
(2)使用維修手冊和電路圖時，要注意避免殘缺不全，資料應與使用車輛型號相對應。
(3)要遵守維修手冊規定的其他技術和安全要求。

四、任務實施步驟及方法

按照前文敘述的操作方法,逐個對選擇的三極管進行基極和類型的判別、集電極和發射極的判別、三極管好壞的判斷和放大倍數 β 的判定。

【任務檢測】

1. 三極管有何用途?

2. 三極管主要有哪些性能參數?

3. 如何用萬用表來判斷三極管的好壞和極性?

【評價與回饋】

序號	考核項目	分值	考核內容	配分	考核標準	得分
1	出勤 紀律	5分	出勤	2分	違規一次不得分	
			行為規範	3分	違規一次不得分	
2	安全 防護、環保	20分	著裝	2分	違規一次不得分	
			個人防護	3分	違規一次不得分	
			"5S" "EHS"	5分	違規一次不得分	
			設備使用安全	5分	違規一次不得分	
			操作安全	5分	違規一次不得分	
3	任務檢測	20分	任務測驗成績	20分	測驗成績的20%計	
4	技能考核	35分	技能測驗成績	35分	測驗成績的35%計	
5	學習能力	10分	工單填寫·工藝計畫制訂	4分	未做不得分	
			組內活動情況	5分	酌情扣分	
			資料查閱和收集	1分	未做不得分	
6	任務拓展	10分	知識拓展任務	2分	未做不得分	
			技能拓展任務	8分	未做不得分	
	總分	100分				

【教師評估】

序號	優點	存在問題	解決方案

教師簽字：

【學習後記】

任務三　二極體、三極管在汽車電路的應用

【任務目標】

目標類型	目標要求
知識目標	能描述二極體、三極管在汽車上的用途
技能目標	能分析汽車整流電路、放大電路工作原理
情感目標	(1)養成"5S""EHS"意識 (2)能配合小組完成項目任務，幫助其他成員

【任務描述】

　　二極體和三極管是汽車類比電路的主要器件，它們以體積小、品質小、功耗小、壽命長、可靠性高等優點獲得了迅速發展，它們在汽車電路上的應用廣泛。

【知識準備】

一、二極體的三相橋式整流電路

　　目前國內外汽車交流發電機都採用三相橋式整流電路將交流電變為直流電。三相橋式直流電路輸出電壓的脈動小，而且在直流電壓相等的情況下，整流管承受的最大反向電壓比三相半波減少一半。

(一)電路組成

　　三相橋式整流電路如圖 6-3-1 所示，它由三相繞組、六個二極體和負載組成。其中三相繞組是發電機的三組定子繞組；六個二極體分為兩組，其中 VD_1、VD_2、VD_3 三個二極體負極連在一起，稱為負極管，VD_4、VD_5、VD_6 三個二極體正極連在一起稱為正極管。

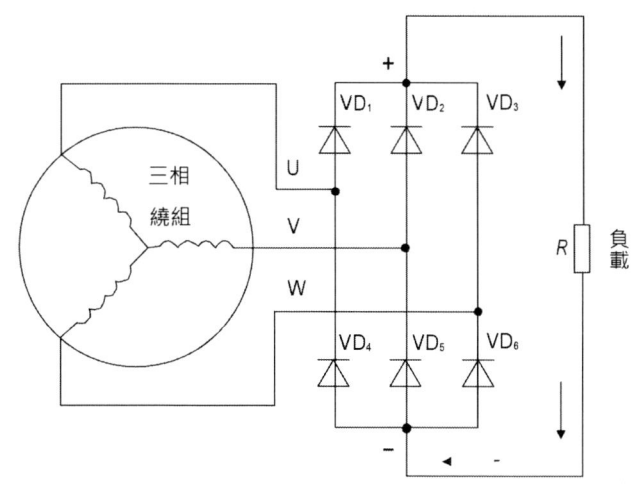

圖6-3-1　三相橋式整流電路原理圖

(二)三相橋式整流電路工作原理

設三相繞組輸出的電壓為三相對稱電壓,波形如圖 6-3-2(最上面的圖形)所示,運算式如下:

$$U_U = \sqrt{2}\ U_m \sin\omega t$$
$$U_V = \sqrt{2}\ U_m \sin(\omega t - 120°)$$
$$U_W = \sqrt{2}\ U_m \sin(\omega t + 120°)$$

為便於分析,現將一個週期等分成6個小區間加以說明。

在 $t_1 \sim t_2$ 內,三相電壓中 U 點電位最高,V 點電位最低,於是 VD_1 和 VD_5 承受正向電壓而導通。負載電流的流向為 U→VD_1→R→VD_5→V,UV 間電壓加到負載上。

在 $t_2 \sim t_3$ 內,三相電壓中 U 點電位仍最高,W 點電位最低,於是 VD_1 和 VD_6 承受正向電壓而導通。負載電流的流向為 U→VD_1→R→VD_6→W,UW 間電壓加到負載上。

在 $t_3 \sim t_4$ 內,三相電壓中 V 點電位最高,W 點電位最低,於是 VD_2 和 VD_6 承受正向電壓而導通。負載電流的流向為 V→VD_2→R→VD_6→W,VW 間電壓加到負載上。

在 $t_4 \sim t_5$ 內,VD_2、VD_4 導通,VU 間電壓加到負載上。

按照正極管 VD_1—VD_2—VD_3,負極管 VD_5—VD_6—VD_4 的順序輸流導通,在負載端便得到一個較平穩的直流電壓。電壓波形如圖 6-3-2(最下麵的圖形)所示。

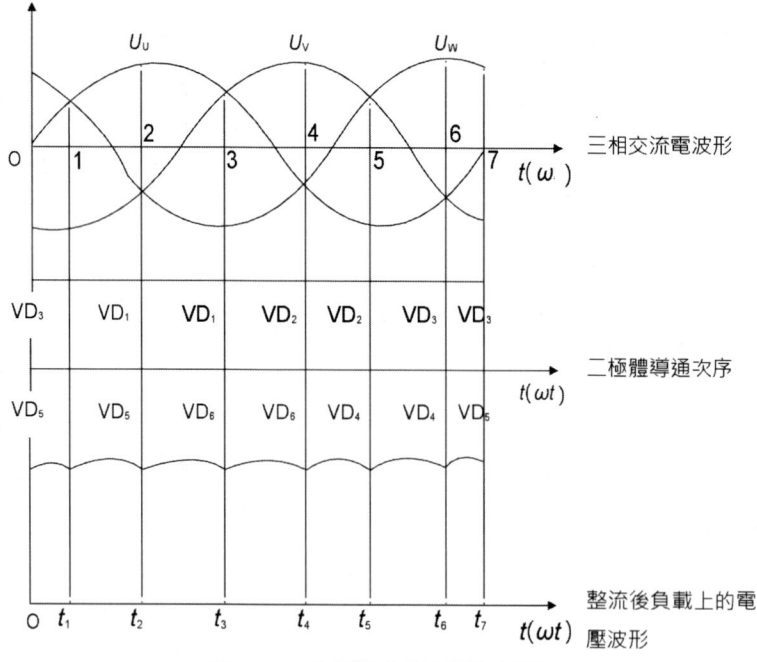

圖 6-3-2　三相橋式整流電路波形圖

二、三極管的三種基本電路

(一)共發射極電路

在電晶體電路中，以發射極為公共點，發射極和基極組成輸入端，集電極和發射極組成輸出端，這樣連接成的電路叫電晶體共發射極電路。如圖6-3-3所示。

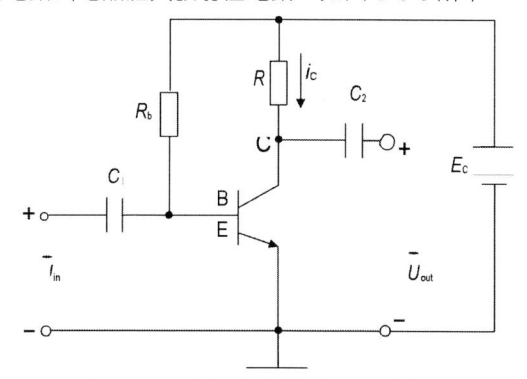

圖6-3-3　晶體三極管共發射極電路

(二)共基極電路

在電晶體電路中，以基極為公共點，發射極和基極為輸入端，集電極和基極為輸出端，這樣連接成的電路叫晶體三極管共基極電路。如圖6-3-4所示。

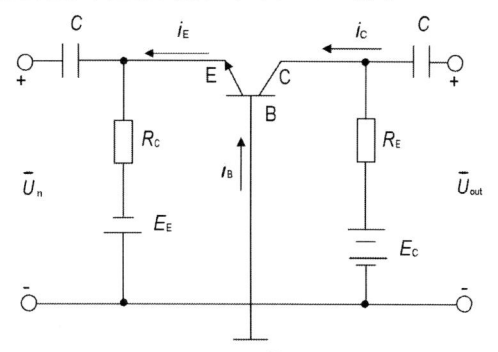

圖6-3-4　晶體三極管共基極電路

(三)共集電極電路

在電晶體電路中，若集電極是輸入電路和輸出電路公共端，由發射極輸出，這樣的電路叫三極管共集電極電路。如圖6-3-5所示。

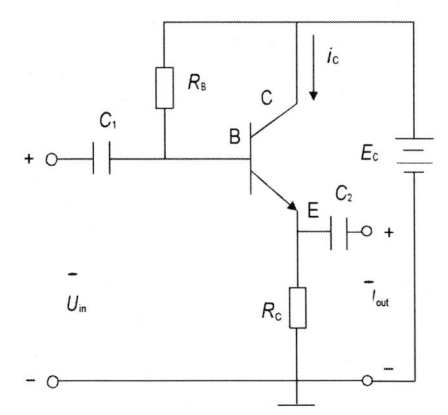

圖6-3-5　晶體三極管共集電極電路

上述三種基本電路的性能比較見表 6-3-1。

表 6-3-1　晶體三極管三種接法的比較

參數名稱	共發射極電路	共基極電路	共集電極電路
輸入阻抗	中(幾百至幾千歐)	小(幾至幾十歐)	大(幾萬歐以上)
輸出阻抗	中(幾千歐至幾萬歐)	大(幾萬歐以上)	小(幾歐至幾十歐)
電壓放大倍數	大	大	小(小於1 接近1)
電流放大倍數	大(即β)	小(即α 小於並接近1)	大(約 1+β)倍
功率放大倍數	大(30~40 dB)	中(15~20 dB)	小(約10 dB)
頻率特性	調頻性能差	高頻性能好 頻帶寬	頻率性能良好 頻帶寬
應用	多級放大器的中間低頻放大	高頻寬頻線路或恒流源電路	輸入級 輸出級及阻抗變換

【任務實施】

一　實施內容

(1)二極體整流電路。
(2)三極管放大電路。

二　準備工作

(1)所需設備、工具和材料。二極體、三極管、萬用表。
(2)安全防護用品。標準作業裝 安全鞋 線手套等。

三　技術規範與注意事項

(1)嚴禁違規操作。
(2)使用維修手冊和電路圖時 要注意避免殘缺不全 資料應與使用車輛型號相對應。
(3)要遵守維修手冊規定的其他技術和安全要求。

四 任務實施步驟及方法

根據圖 6-3-6 所示說明二極體整流電路工作原理。

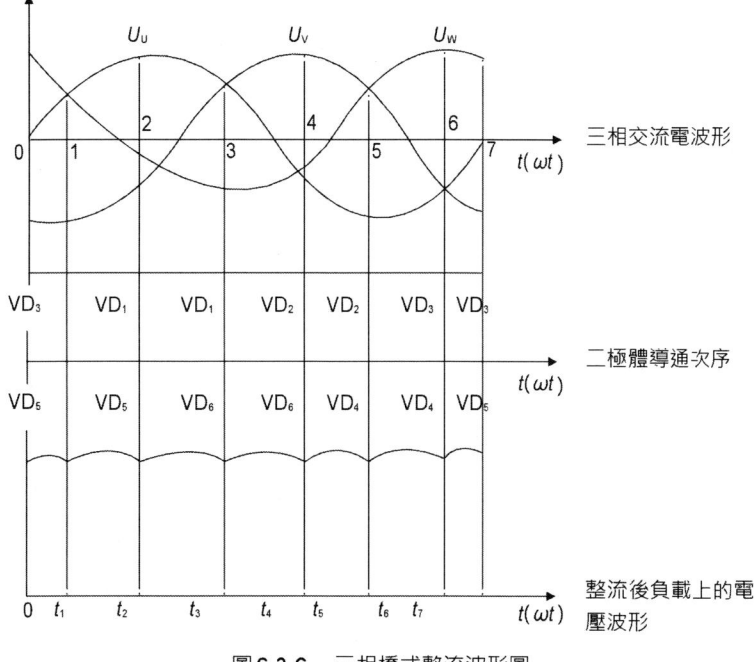

圖 6-3-6　三相橋式整流波形圖

五 現場恢復

(1)收回 清點 整理工具及設備。
(2)與小組成員共同清潔場地及實訓車輛。

【任務檢測】

根據圖 6-3-7 所示說明三極管放大電路工作原理。

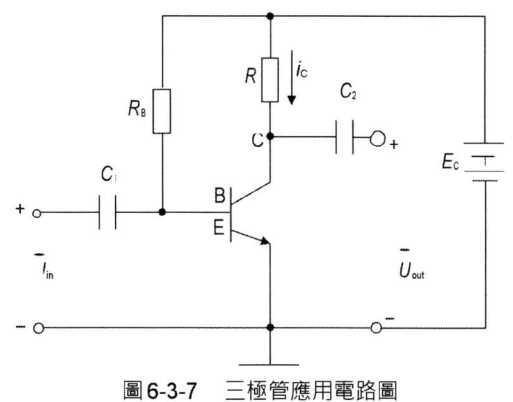

圖 6-3-7　三極管應用電路圖

【評價與回饋】

序號	考核項目	分值	考核內容	配分	考核標準	得分
1	出勤/紀律	5分	出勤	2分	違規一次不得分	
			行為規範	3分	違規一次不得分	
2	安全、防護、環保	20分	著裝	2分	違規一次不得分	
			個人防護	3分	違規一次不得分	
			"5S" "EHS"	5分	違規一次不得分	
			設備使用安全	5分	違規一次不得分	
			操作安全	5分	違規一次不得分	
3	任務檢測	20分	任務測驗成績	20分	測驗成績的 20%計	
4	技能考核	35分	技能測驗成績	35分	測驗成績的 35%計	
5	學習能力	10分	工單填寫·工藝計畫制訂	4分	未做不得分	
			組內活動情況	5分	酌情扣分	
			資料查閱和收集	1分	未做不得分	
6	任務拓展	10分	知識拓展任務	2分	未做不得分	
			技能拓展任務	8分	未做不得分	
	總分	100分				

【教師評估】

序號	優點	存在問題	解決方案

教師簽字：

【教師評估】

項目七　汽車數位電路的檢測與運用

任務一　基本邏輯路的分析與運用

【任務目標】

目標類型	目標要求
知識目標	(1)瞭解數位電路的特點,數制和碼制,二進位及其運算 (2)掌握基本邏輯電路,複合邏輯門電路的邏輯符號,邏輯功能及三種表示方法 (3)瞭解邏輯代數的基本公式及基本定律 (4)瞭解集成邏輯門電路的電路特性等相關知識
技能目標	(1)掌握基本邏輯電路,複合邏輯,集成邏輯,邏輯功能的測試方法 (2)掌握集成邏輯電路參數的測試方法
情感目標	增強安全用電意識,養成良好的用電習慣

【任務描述】

瞭解基本邏輯電路,複合邏輯,集成邏輯電路的邏輯符號,邏輯功能;瞭解集成邏輯電路特性,學會使用電壓表、電流錶等儀器儀錶進行邏輯電路邏輯功能的測試,掌握集成邏輯電路參數的測試方法。

【知識準備】

一　數位電路概述

數位電路是電腦技術和各種數控,數顯以及測量技術的基礎。

(一)數位電路

1. 數位信號與類比信號

類比信號:是指在時間上和數值上都連續變化的電信號。如圖 7-1-1(a)所示。如聲音,溫度,壓力等電信號就是類比信號,處理類比信號的電路稱類比電路。

數位信號:是指時間上和數值上都離散的信號。如圖 7-1-1(b)所示是一種脈衝信號。

"0"與"1":在電路中就是高電平與低電平兩種狀態的信號,處理數位信號的電路稱數位電路。

(a)　　　　　　　　　　　　(b)

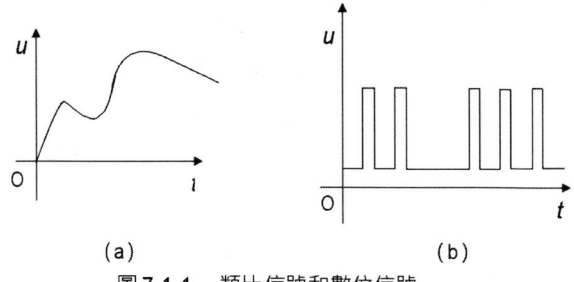

圖 7-1-1　類比信號和數位信號

2. 數位電路的特點

(1)數位信號簡單，只有0和1兩個基本數字。電路結構簡單，便於集成和製造，價格便宜。

(2)數位系統工作可靠性高，抗干擾能力強。

(3)數位電路中通過0、1表示的邏輯關係反映電路的邏輯功能。

(4)數位電路分析使用的數學工具主要是邏輯代數。

(5)數位電路具有算數運算和邏輯運算能力，可用在工業中進行各種智慧化控制，減輕勞動強度，提高產品品質。

(6)矩形脈衝信號作為電路的工作信號。如圖 7-1-2(a)所示。

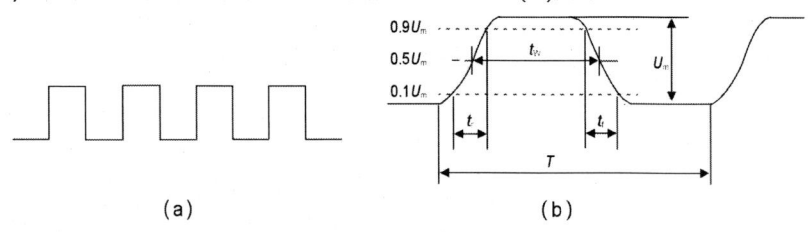

(a)　　　　　　　　　　　　(b)

圖 7-1-2　矩形脈衝信號

實際的矩形脈衝前後沿都不可能達到理想脈衝那麼陡峭，而是如圖 7-1-2(b)所示的形式。

正脈衝：脈衝躍變後的值比初始值高，則為正脈衝，如圖 7-1-3(a)所示。

負脈衝：脈衝躍變後的值比初始值低，則為負脈衝，如圖 7-1-3(b)所示。

尖峰波、鋸齒波、階梯波等，如圖 7-1-4 所示。

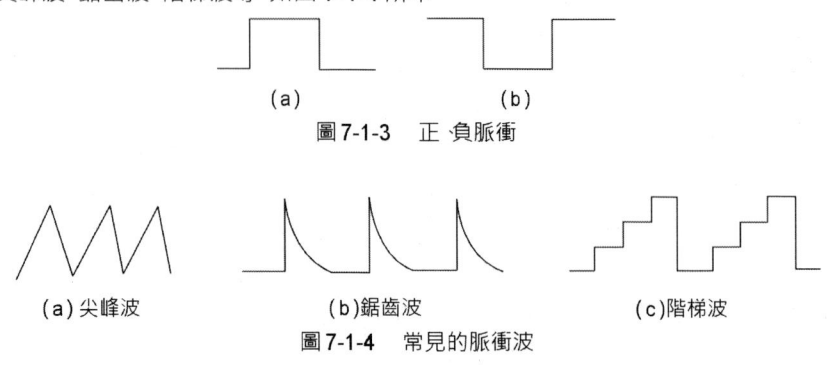

(a)　　　　　　　　　　　　(b)

圖 7-1-3　正、負脈衝

(a)尖峰波　　　(b)鋸齒波　　　(c)階梯波

圖 7-1-4　常見的脈衝波

（二）數制與碼制

1. 數制

（1）十進位。

十進位是用 0、1、2、3、4、5、6、7、8、9 十個不同數碼，按一定規律排列起來表示的數。10 是這個數制的基數。向高位數進位元的規則是"逢十進一"，給低位元借位的規則是"借一當十"，數碼處於不同位置（或稱數位），它所代表的數量的含義是不同的。

任意一個十進位數字都可以用加權係數展開式來表示，對於有 n 位元整數十進位數字用加權係數展開式表示，可寫為：

$$(N)_{10} = a_{n-1}a_{n-2}...a_1a_0a_{-1}a_{-2}...a_{-m}$$
$$= a_{n-1} \times 10^{n-1} + 10^{n-2} + ... + a_0 \times 10^0 + a_{-1} \times 10^{-1} + a_{-2} \times 10^{-2} + ... + a_{-m} \times 10^{-m}$$
$$= (\sum_{i=-m}^{n-1} a_i \times 10^i)_{10}$$

其中 a_i——第 i 位的十進位數字碼；

10^i——第 i 位的位權；

$(N)_{10}$——下標 10 表示十進位數字。

（2）二進位。

二進位的數碼只有兩個，即 0 和 1。其基數為 2，每個數位的位權值是 2 的冪。計數方式遵循"逢二進一"和"借一當二"的規則。二進位數字及其相應的十進位數字值可寫成：

$$(N)_2 = a_{n-1}a_{n-2}...a_1a_0a_{-1}a_{-2}...a_{-m}$$
$$= a_{n-1} \times 2^{n-1} + a_{n-2} \times 2^{n-2} + ... + a_1 \times 2^{+1} + a_0 \times 2^0 + a_{-1} \times 2^{-1} + a_{-2} \times 2^{-2} + ... + a_{-m} \times 2^{-m}$$
$$= (\sum_{i=-m}^{n-1} a_i \times 2^i)_2$$

其中 a_i——第 i 位的十進位數字碼；

10^i——第 i 位的位權；

$(N)_2$——下標 2 表示二進位數字。

（3）不同進制數制間的轉換。

①二進位數字轉換成十進位數字，轉換的方法是，二進位數字首先寫成加權係數展開式，然後按十進位加法規則求和。

②十進位數字轉換為二進位數字，轉換的方法採用"除 2 取餘，逆序排列"法。用 2 去除十進制整數，可以得到一個商和餘數；再用 2 去除商，又會得到一個商和餘數，如此進行，直到商為零時為止，然後把先得到的餘數作為二進位數字的低位有效位，後得到的餘數作為二進位數字的高位有效位元，依次排列起來。

2. 碼制

（1）代碼：用二進位數字碼來表示各種文字、符號資訊，這個特定的二進位碼稱為代碼。

（2）編碼：代碼與文字、符號或特定物件之間的一一對應的關係稱為編碼。

二-十進位碼：指的是用 4 位二進位數字來表示 1 位元十進位數字的編碼方式，簡稱 BCD 碼。由於 4 位二進位數字碼有 0000、0001、0010、...、1111 這 16 種不同的組合狀態，若從

此 按選取方式的不同,可以得到的只需選用其中 10 種組合 BCD 碼的編碼方式有很多種,見表 7-1-1。

表 7-1-1 常見的幾種編碼

十進位	有權碼			無權碼	
	8421 碼	5421 碼	2421 碼	餘3碼	格雷碼
0	0000	0000	0000	0011	0000
1	0001	0001	0001	0100	0001
2	0010	0010	0010	0101	0011
3	0011	0011	0011	0110	0010
4	0100	0100	0100	0111	0110
5	0101	1000	1011	1000	0111
6	0110	1001	1100	1001	0101
7	0111	1010	1101	1010	0100
8	1000	1011	1110	1011	1100
9	1001	1100	1111	1100	1000

(三)基本邏輯門電路

邏輯:是指條件與結果之間的關係。邏輯電路:輸入與輸出信號之間存在一定邏輯關係的電路稱為邏輯電路。邏輯門電路:是一種具有多個輸入端和一個輸出端的開關電路。由於它的輸出信號與輸入信號之間存在著一定的邏輯關係,所以稱為邏輯電路。

1. 與邏輯及及閘

(1)與邏輯電路圖:與邏輯的實物連接圖及電路圖見圖 7-1-5(a)和(b)所示。

(a)實物連接圖　　　　(b)電路圖

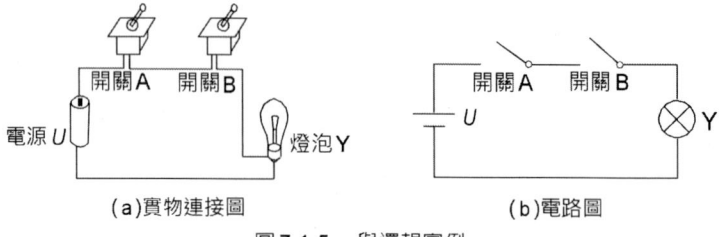

圖 7-1-5　與邏輯實例

與邏輯關係表。

開關A	開關B	燈Y
斷	斷	滅
斷	通	滅
通	斷	滅
通	通	亮

與邏輯真值表。

輸入		輸出
A	B	Y
0	0	0
0	1	0
1	0	0
1	1	1

(2)與邏輯運算式。

邏輯運算式：用代數式表示輸出和輸入之間的邏輯關係，稱為邏輯運算式。與邏輯表達式為：

$$Y = A \cdot B = AB \qquad (邏輯乘)$$

(3)二極體及閘及邏輯符號。

與門電路如圖 7-1-6(a)所示，它是由二極體和電阻組成的。其邏輯符號如圖 7-1-6(b)所示。

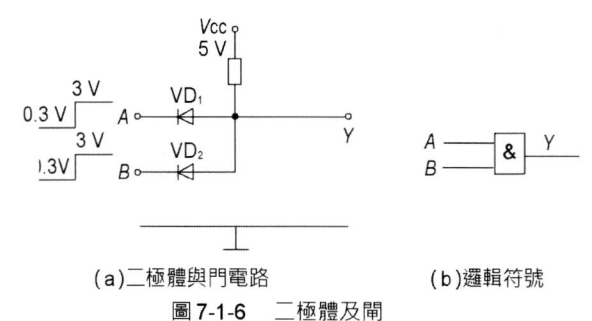

(a)二極體與門電路　　(b)邏輯符號

圖 7-1-6　二極體及閘

二極體與門電路的邏輯電平表。

A/V	B/V	Y/V
0	0	0.7
0	3	0.7
3	0	0.7
3	3	3.7

2.或邏輯及或閘

(1)或邏輯電路圖 或邏輯的實物連接圖及電路圖見圖 7-1-7(a)和(b)。

(a)實物連接圖　　　　　　　　(b)電路圖

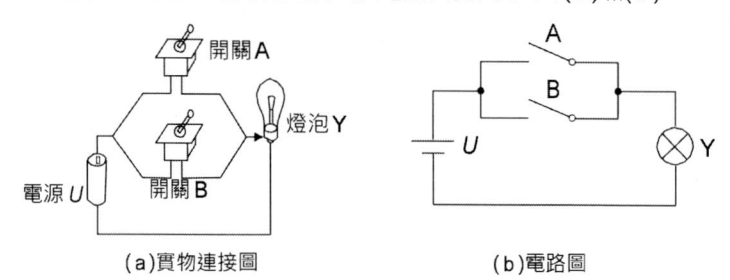

圖 7-1-7　或邏輯例

(2)或邏輯關係表。

開關 A	開關 B	燈 Y
斷	斷	滅
斷	通	亮
通	斷	亮
通	通	亮

(3)或邏輯真值表。

輸入		輸出
A	B	Y
0	0	0
0	1	1
1	0	1
1	1	1

(4)或邏輯運算式。

或邏輯運算式 或閘的輸出與輸入之間的邏輯關係表示為：

$$Y = A + B \qquad （邏輯加）$$

(5)二極體或閘及邏輯符號。

如圖 7-1-8(a)所示，它也是由二極體和電阻組成的。其邏輯符號如圖 7-1-8(b)所示。

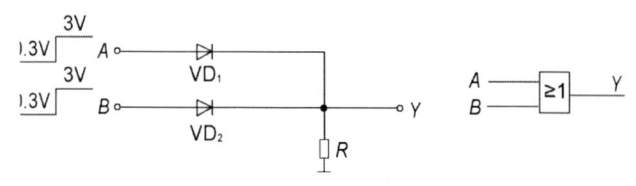

(a)實物連接圖　　　　　　　　(b)電路圖

圖 7-1-8　或邏輯實例

二極體或門電路的邏輯電平表。

A/V	B/V	Y/V
0	0	0
0	3	2.3
3	0	2.3
3	3	2.3

二極體或門電路的真值表。

輸入		輸出
A	B	Y
0	0	0
0	1	1
1	0	1
1	1	1

3. 非邏輯及反閘

(1)非邏輯電路圖 非邏輯的實物連接圖及電路圖見圖7-1-9(a)、(b)所示。

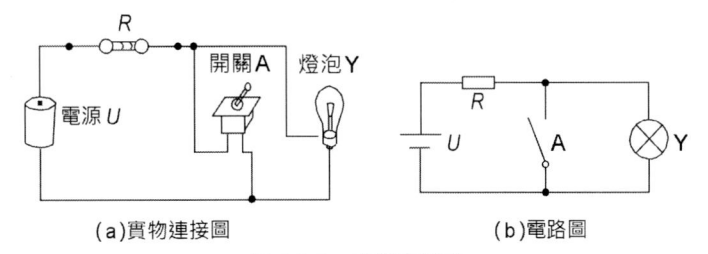

圖7-1-9　非邏輯實例

(2)非邏輯關係表。

開關A	燈Y
斷	亮
通	滅

(3)非邏輯真值表。

輸入	輸出
A	Y
0	1
1	0

(4)非邏輯運算式。

非邏輯的輸出與輸入之間的邏輯關聯運算式為：$Y = \overline{A}$

(5)三極管反閘。

圖 7-1-10(a)所示為三極管開關電路。

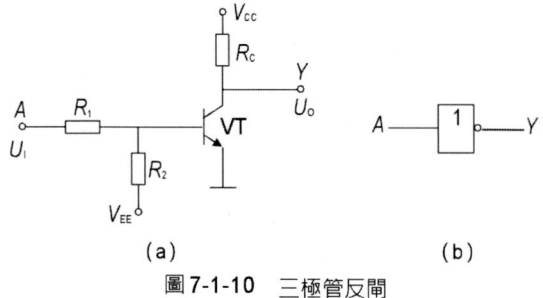

(a)　　　　　　　　　　(b)

圖 7-1-10　三極管反閘

(四)常用的複合邏輯關係

1. 與非邏輯 與非邏輯是由一個與邏輯和一個非邏輯直接構成。圖 7-1-11 所示與非邏輯結構及圖形符號。

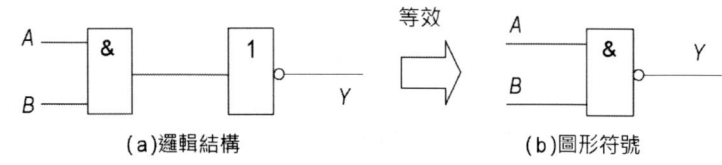

(a)邏輯結構　　　　　　　　　　(b)圖形符號

圖 7-1-11　與非邏輯結構及圖形符號

(1)"與非"邏輯表達為:$Y=\overline{AB}$。

(2)"與非"邏輯真值表。

輸入		輸出
A	B	Y
0	0	0
0	1	1
1	0	1
1	1	0

2. 或非邏輯

或邏輯和一個非邏輯連接起來就可以構成一個或非邏輯。

如圖 7-1-12 所示反或閘的邏輯結構及圖形符號。

(a)邏輯結構　　　　　　　　　　(b)圖形符號

圖 7-1-12　反及閘邏輯結構及圖形符號

(1)反或閘的邏輯運算式為:$Y=\overline{A+B}$。

(2)反或閘的邏輯真值表。

輸入		輸出
A	B	Y
0	0	1
0	1	0
1	0	0
1	1	0

3. 與或非邏輯。

與或非邏輯是由兩個及閘和一個或閘及一個反閘邏輯直接構成。與反或閘的邏輯結構及邏輯符號如圖 **7-1-13** 所示。

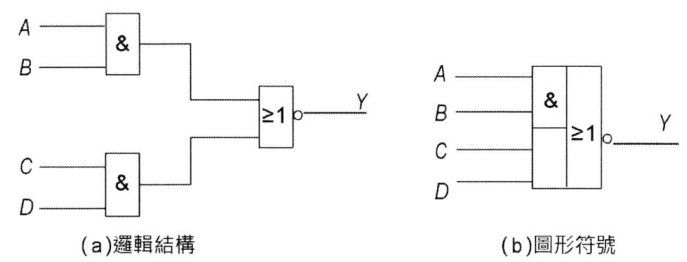

(a)邏輯結構　　　　　　　　(b)圖形符號

圖 **7-1-13**　反或閘邏輯結構及圖形符號

①與反或閘邏輯運算式：$Y=\overline{AB+CD}$。

②與反或閘邏輯真值表。

輸入				輸出
A	B	C	D	Y
0	0	0	0	1
0	0	0	1	1
0	0	1	0	1
0	0	1	1	0
0	1	0	0	1
0	1	0	1	1
0	1	1	0	1
0	1	1	1	0
1	0	0	0	1
1	0	0	1	1
1	0	1	0	1
1	0	1	1	0
1	1	0	0	0
1	1	0	1	0
1	1	1	0	0
1	1	1	1	0

(五)邏輯函數的標記法

1. 邏輯函數

若輸入邏輯變數 A、B、C...取值確定後,輸出邏輯變數 Y 的值也隨之確定,則稱 Y 是 A、B、C...的邏輯函數,記作:$Y=F(A、B、C)$。

2. 邏輯函數的表示方法

(1)邏輯關係式 把輸出與輸入之間的邏輯關係寫成與、或、非三種運算組合起來的表達式,稱為邏輯函數運算式。

(2)真值表 將輸入邏輯變數的各種取值對應的輸出值找出來,列成表格,稱為真值表。

(3)邏輯圖 將邏輯函數中各變數之間的與、或、非等邏輯關係用圖形符號表示出來,就可以畫出表示函數關係的邏輯圖。

(4)波形圖 :把一個邏輯電路的輸入變數的波形和輸出變數的波形,依時間順序畫出來的圖稱為波形圖。

(六) TTL 集成邏輯門電路

1.TTL 集成邏輯門

(1)反及閘。

TTL 集成反及閘組成:電路由輸入級、中間級和輸出級等部分組成。

圖 7-1-14(a)所示為 TTL 反及閘的工作原理圖,圖 7-1-14(b)為其邏輯符號。

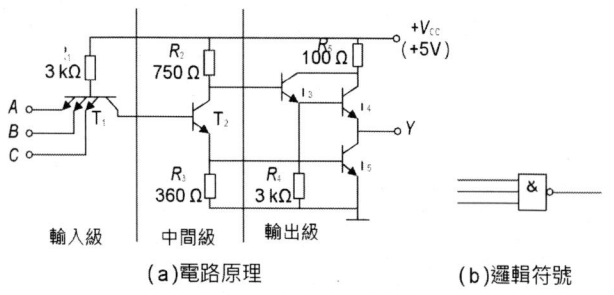

(a)電路原理　　　　(b)邏輯符號

圖 7-1-14　TTL 反及閘

(2)常用的集成反及閘如圖 7-1-15 所示。

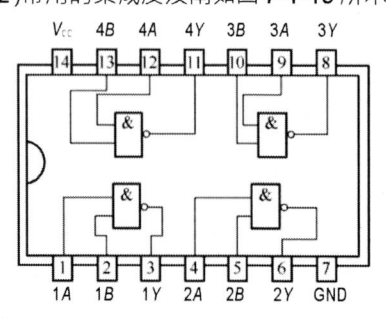

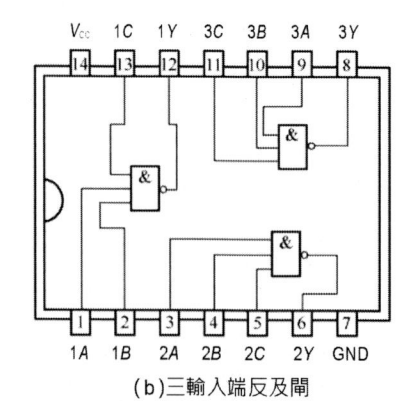

(a)輸入端反及閘　　　　(b)三輸入端反及閘

圖 7-1-15　反閘的管腳排列

2.及閘

如圖7-1-16所示為三3輸入及閘的管腳排列圖。

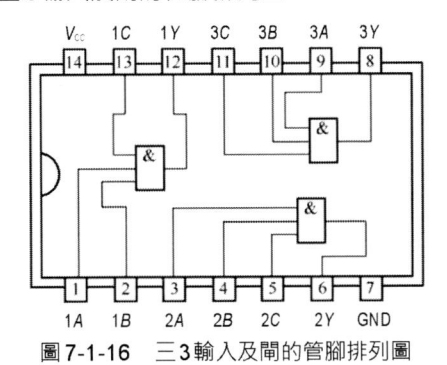

圖7-1-16　三3輸入及閘的管腳排列圖

3.反閘

圖7-1-17所示為六反相器(反閘)的管腳排列圖。

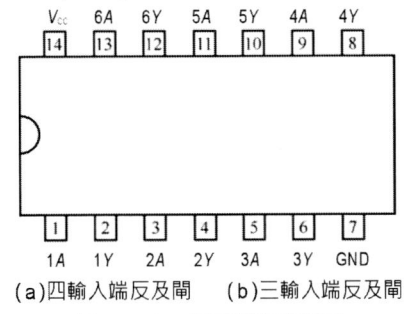

(a)四輸入端反及閘　　(b)三輸入端反及閘

圖7-1-17　反閘管腳排列圖

4.反或閘

圖7-1-18所示為四2輸入反或閘的管腳排列圖。

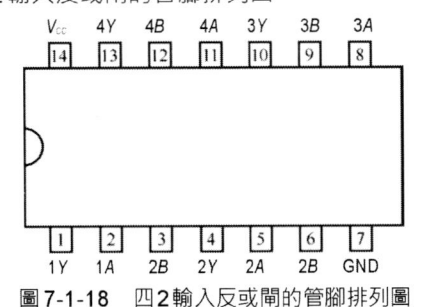

圖7-1-18　四2輸入反或閘的管腳排列圖

【任務實施】

一、實施內容

74LS00 基本邏輯電路的功能檢測。

二、準備工作

(1)所需設備、工具和材料。
電源、導線、萬用表。
(2)安全防護用品。標準作業
裝、安全鞋、線手套等。

三、技術規範與注意事項

(1)嚴禁違規操作。
(2)使用維修手冊和電路圖時，要注意避免殘缺不全，資料應與使用車輛型號相對應。
(3)要遵守維修手冊規定的其他技術和安全要求。

四、任務實施步驟及方法

(1)清點所需工具、量具數量和種類。
(2)檢查設備、工具、量具性能是否良好。

五、74LS00 基本邏輯電路的功能檢測

課程名稱		小組編號	
小組負責人		任務接受時間	
任務完成人		要求完成時間	
任務名稱	74LS00 基本邏輯電路的功能檢測		
任務內容和要求	會測試 TTL 積體電路 74LS00 的邏輯功能		
器材準備： 電源、萬用表、積體電路 74LS00 一塊。 實驗說明： (1)74LS00 14 腳接通+5 V 電源，7 腳接地。 (2)74LS00 輸入端通過 1 kΩ 電阻接邏輯開關。 (3)高電平為1，低電平為0。 任務步驟： (1)檢查設備是否安全正常。 (2)用萬用表直流電壓擋測量反及閘輸出端電壓(3、6、8、11 腳)電壓。 (3)輸出端 3、6、8、11 分別腳接 LED。 (4)根據資料記表的要求連接輸入端，觀察並填入 LED 的狀態。		74LS00 引腳圖	

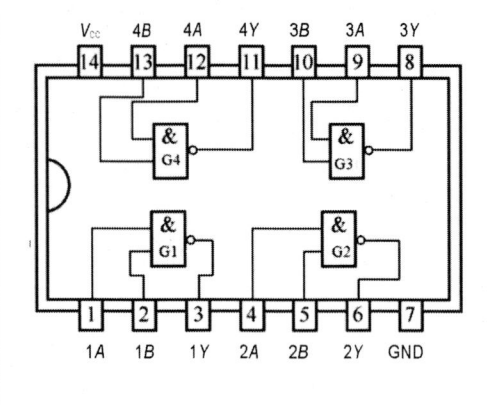

資料記錄表								
G1門			G2門			G3門		
1腳	2腳	3腳	4腳	5腳	6腳	9腳	10腳	8腳
0	0		1	0		0	1	
0	1		1	1		1	0	
1	1		0	0		0	0	

74LS00 是一個由什麼門電路組成的積體電路：

74LS00 具有什麼功能：

任務完成過程中遇到的問題,解決方法：

自評打分：

【任務檢測】

一 選擇題

1.二進位數字(1010)$_2$ 轉換成十進位數字轉換式為( )。
 A $(1010)_2 = 1×2^3 + 0×2^2 + 1×2^1 + 0×2^0 = (10)_{10}$
 B $(1010)_2 = 1+2^3×0^2+2×1 + 2×10 + 20 = (10)_{10}$
 C $(1010)_2 = 1×2^5 + 0×2^4 + 1×2^3 + 0×2^2 = (10)_{10}$
 D $(1010)_2 = 1×1^3 + 0×1^2 + 1×1^1 + 0×1^0 = (10)_{10}$

2.已知及閘的兩輸入端 A、B 的電壓波形如圖所示，Y 對應端的輸出電壓波形應為 ( )。

A.

B.

C.

D.

二 計算題

1. 寫出二進位數字 1011.1 的展開

2. 已知兩輸入端或閘 A、B 的電壓波形如圖 7-1-19 所示 試畫出 Y 對應端的輸出電壓波形。

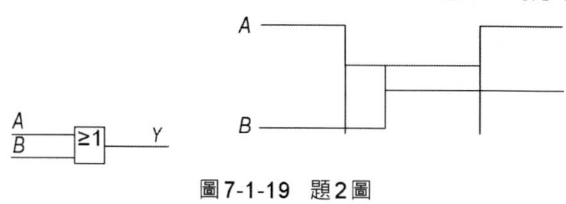

圖 7-1-19 題 2 圖

3. 已知反閘輸入 A 的電壓波形如圖 7-1-20 所示 試畫出 Y 對應端的輸出電壓波形。

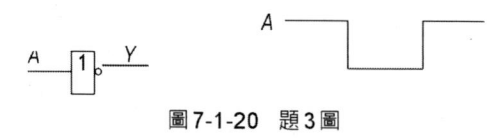

圖 7-1-20 題 3 圖

4. 已知反或閘輸入 A、B 的電壓波形如圖 7-1-21 所示 試畫出 Y 對應端的輸出電壓波形。

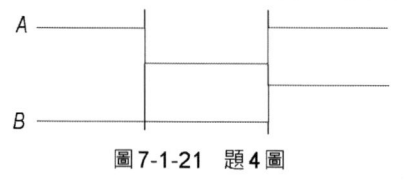

圖 7-1-21 題 4 圖

【評價與回饋】

序號	考核項目	分值	考核內容	配分	考核標準	得分
1	出勤 紀律	5分	出勤	2分	違規一次不得分	
			行為規範	3分	違規一次不得分	
2	安全 防護、環保	20分	著裝	2分	違規一次不得分	
			個人防護	3分	違規一次不得分	
			"5S" "EHS"	5分	違規一次不得分	
			設備使用安全	5分	違規一次不得分	
			操作安全	5分	違規一次不得分	
3	任務檢測	20分	任務測驗成績	20分	測驗成績的20%計	
4	技能考核	35分	技能測驗成績	35分	測驗成績的35%計	
5	學習能力	10分	工單填寫·工藝計畫制訂	4分	未做不得分	
			組內活動情況	5分	酌情扣分	
			資料查閱和收集	1分	未做不得分	
6	任務拓展	10分	知識拓展任務	2分	未做不得分	
			技能拓展任務	8分	未做不得分	
	總分	100分				

【教師評估】

序號	優點	存在問題	解決方案

教師簽字：

【學習後記】

任務二　組合邏輯電路的分析與運用

【任務目標】

目標類型	目標要求
知識目標	(1)瞭解編碼器、解碼器、資料選擇及資料分配器等電路的結構 (2)掌握編碼器、解碼器、資料選擇及資料分配器等電路的工作原理
技能目標	(1)學會雙蹤示波器、電壓表、電流錶等儀器儀錶的使用 (2)掌握解碼器等電路的測試方法 (3)熟悉數碼管的使用
情感目標	增強安全用電意識、養成良好的用電習慣

【任務描述】

瞭解編碼器、解碼器、資料選擇及資料分配器等電路的結構。學會使用雙蹤示波器、電壓表、電流錶等儀器儀錶，掌握編碼器、解碼器等電路邏輯功能的測試，進一步熟悉組合邏輯電路實驗裝置的結構、基本功能和使用方法。

【知識準備】

一、組合邏輯電路

(一)組合邏輯電路的特點

特點：電路在任一時刻的輸出狀態只取決於該時刻的輸入狀態，而與前一時刻的輸出狀態無關。

設某組合邏輯電路的多端輸入信號為 X_1、X_2、X_3、…、X_n，輸出信號為 Y_1、Y_2、Y_3、…、Y_m，該組合邏輯電路的方框圖如圖 7-2-1 所示。

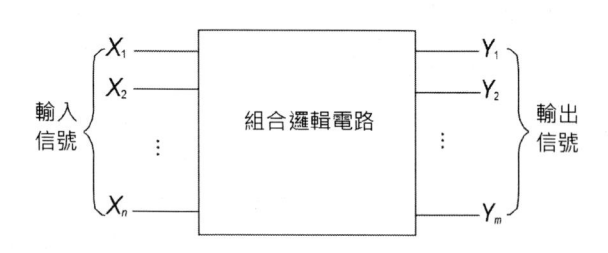

圖 7-2-1　組合邏輯電路方框圖

(二)組合邏輯電路的邏輯功能描述及分類

1. 邏輯功能描述

組合電路邏輯函數的幾種方法——真值表、邏輯運算式、時序圖和邏輯圖等,都可以用來表示組合電路的邏輯功能。

2. 組合電路的分類

按照邏輯功能特點的不同劃分,組合電路分為加編碼器、解碼器、資料選擇器和分配器等。按照使用基本開關元件的不同劃分,組合電路又分為 CMOS、TTL 等類型。

(1)編碼器。

①二進位編碼器。將各種有特定意義的輸入資訊編成二進位碼的電路稱為二進位編碼器。

以3位元二進位編碼器為例,如圖7-2-2所示,分析編碼器的工作原理。3位元二進位編碼器真值表見表 7-2-1。

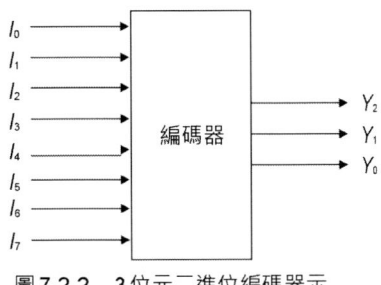

圖7-2-2 3位元二進位編碼器示圖

十進位	輸入變數 $I_7I_6I_5I_4I_3I_2I_1I_0$	輸出 $Y_2Y_1Y_0$
0	00000001	000
1	00000010	001
2	00000100	010
3	00001000	011
4	00010000	100
5	00100000	101
6	01000000	110
7	10000000	111

從真值表以寫出邏輯函數運算式:

$$Y_0=I_1+I_3+I_5+I_7$$
$$Y_1=I_2+I_3+I_6+I_7$$
$$Y_0=I_1+I_3+I_5+I_7$$

根據邏輯表畫出由3個或閘組成的3位元二進位編碼器，如圖7-2-3所示

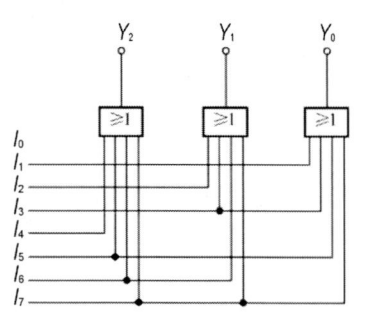

圖7-2-3　3位元二進位編碼器邏輯圖

② 二-十進位編碼器。

二-十進位編碼器 將 0～9 十個十進位數字編成二進位碼的電路，叫作二-十進位編碼器，也稱為10線-4線編碼器。I_0、Y_1、…、Y_7、…、Y_9表示10路輸入，Y_0、Y_1、Y_2、Y_3作為4條輸出線。

（2）解碼器。解碼器是一種能把二進位碼轉換成特定資訊的電路系統；它將給定的數碼"翻譯"為相應的狀態，並使輸出通道中相應的一路有信號輸出，用以控制其他部件或驅動數碼顯示器工作。

解碼器分類　按輸出端功能的區別，解碼器可分為二進位解碼器和顯示解碼器兩種。

① 二進位解碼器。

變數解碼器(二進位解碼器)：用以表示輸入變數的狀態，如2線-4線、3線-8線和4線-16線解碼器。若有 n 個輸入變數，則有 $2n$ 個不同的組合狀態，就有 $2n$ 個輸出端供其使用。

以3線-8線解碼器74LS138為例，圖7-2-4（a）（b）分別為其邏輯圖及引腳排列。其中 A_2、A_1、A_0 為位址輸入端，~為解碼輸出端，S_1、$\bar{S_2}$、$\bar{S_3}$ 為使能端。其功能見表 7-2-2。

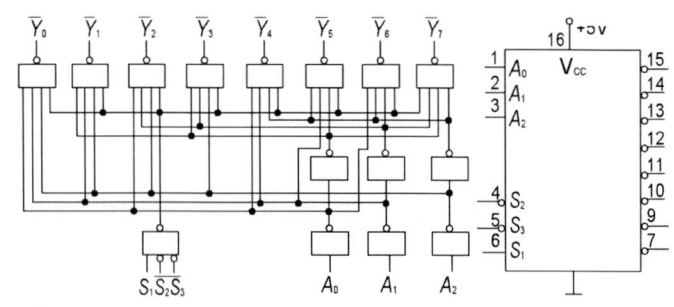

圖7-2-4　3線-8線解碼器74LS138邏輯圖

表7-2-2　解碼器74LS138功能表

輸入					輸出							
S_1	$\bar{S_2}+\bar{S_3}$	A_2	A_1	A_0	$\bar{Y_0}$	$\bar{Y_1}$	$\bar{Y_2}$	$\bar{Y_3}$	$\bar{Y_4}$	$\bar{Y_5}$	$\bar{Y_6}$	$\bar{Y_7}$
1	0	0	0	0	0	1	1	1	1	1	1	1
1	0	0	0	1	1	0	1	1	1	1	1	1

續表

輸入					輸出							
S_1	$\overline{S_2}+\overline{S_3}$	A_2	A_1	A_0	$\overline{Y_0}$	$\overline{Y_1}$	$\overline{Y_2}$	$\overline{Y_3}$	$\overline{Y_4}$	$\overline{Y_5}$	$\overline{Y_6}$	$\overline{Y_7}$
1	0	0	1	0	1	1	0	1	1	1	1	1
1	0	0	1	1	1	1	1	0	1	1	1	1
1	0	1	0	0	1	1	1	1	0	1	1	1
1	0	1	0	1	1	1	1	1	1	0	1	1
1	0	1	1	0	1	1	1	1	1	1	0	1
1	0	1	1	1	1	1	1	1	1	1	1	0
0	×	×	×	×	1	1	1	1	1	1	1	1
×	1	×	×	×	1	1	1	1	1	1	1	1

② 數碼顯示解碼器

a. 七段半導體數碼顯示器。

如圖7-2-5所示，由7個發光二極體排列成的數碼顯示器的示意圖。發光二極體分別用 $a b c d e f g$ 這7個字母代表，按一定的形式排列成"日"字形。通過欄位的不同組合，可顯 0~9十個數字。

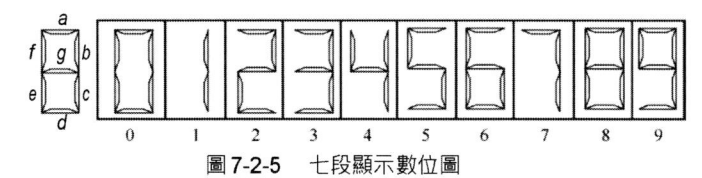

圖7-2-5 七段顯示數位圖

共陰極接法如圖7-2-6(a)所示，共陽極接法如圖7-2-6(b)所示，圖7-2-6(c)為兩種不同出線形式的引出腳功能圖。

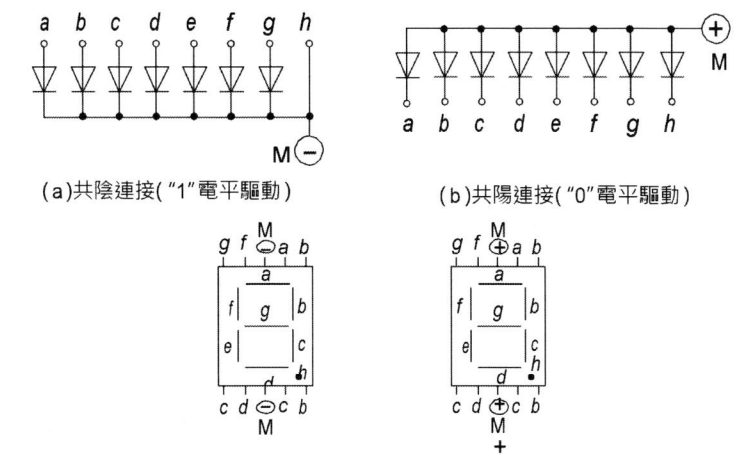

(a)共陰連接("1"電平驅動)

(b)共陽連接("0"電平驅動)

(c)符號及引腳功能

圖7-2-6 LED數碼管

七段解碼驅動電路框圖如圖 7-2-7 所示：

圖 7-2-7　七段解碼驅動電路框圖

圖7-2-8為CC4511引腳排列。CC4511功能表,見表7-2-3。

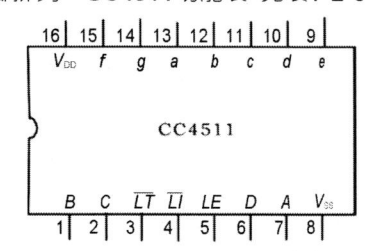

圖 7-2-8　CC4511引腳排列

表 7-2-3　CC4511 功能表

輸入							輸出							顯示字形
LE	$\overline{BI}$	$\overline{LT}$	D	C	B	A	a	b	c	d	e	f	g	
×	×	0	×	×	×	×	1	1	1	1	1	1	1	8
×	0	1	×	×	×	×	0	0	0	0	0	0	0	消隱
0	1	1	0	0	0	0	1	1	1	1	1	1	0	0
0	1	1	0	0	0	1	0	1	1	0	0	0	0	1
0	1	1	0	0	1	0	1	1	0	1	1	0	1	2
0	1	1	0	0	1	1	1	1	1	1	0	0	1	3
0	1	1	0	1	0	0	0	1	1	0	0	1	1	4
0	1	1	0	1	0	1	1	0	1	1	0	1	1	5
0	1	1	0	1	1	0	0	0	1	1	1	1	1	6
0	1	1	0	1	1	1	1	1	1	0	0	0	0	7
0	1	1	1	0	0	0	1	1	1	1	1	1	1	8
0	1	1	1	0	0	1	1	1	1	0	0	1	1	9
0	1	1	1	0	1	0	0	0	0	0	0	0	0	消隱
0	1	1	1	0	1	1	0	0	0	0	0	0	0	消隱
0	1	1	1	1	0	0	0	0	0	0	0	0	0	消隱
0	1	1	1	1	0	1	0	0	0	0	0	0	0	消隱
0	1	1	1	1	1	0	0	0	0	0	0	0	0	消隱
0	1	1	1	1	1	1	0	0	0	0	0	0	0	消隱

續表

輸入						輸出							顯示字形
LE	$\overline{BI}$	$\overline{LT}$	D	C	B	A	a	b	c	d	e	f	g	
0	1	1	1	1	1	1	0	0	0	0	0	0	0	消隱
1	1	1	×	×	×	×	鎖存							鎖存

(3)資料分配器和資料選擇器。

① 資料選擇器。資料選擇器(MUX):其功能是能從多個資料通道中,按要求選擇其中某一個通道的數

據,並傳送到輸出通道中。

常用的產品:雙 4 選 1 數據選輯擇器(74LS153)、8 選 1 資料選擇器(74LS151)、16 選 1 數據選擇器(74LS150)等。圖 7-2-9 所示為中規模雙 4 選 1 資料選擇器 74LS253 的邏輯符號框圖。資料選擇器 74LS253 功能表,見表 7-2-4。

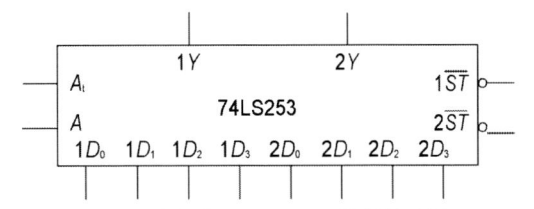

圖 7-2-9 資料選擇器 74LS253 邏輯符號框

表 7-2-4 74LS253 功能表

輸入				輸出
選通	地址		數據	
$\overline{ST}$	A_1	A_0	D	Y
1	×	×	×	Z
0	0	0	$D_0 \sim D_3$	D_0
0	0	1	$D_0 \sim D_5$	D_1
0	1	0	$D_0 \sim D_5$	D_3
0	1	1	$D_0 \sim D_3$	D_2

輸出端 Y 的邏輯運算式分別為:

$$1Y=1D_0\overline{A}_1\overline{A}_0+1D_1\overline{A}_1A_0+1D_2A_1\overline{A}_0+1D_3A_1A_0$$

$$2Y=2D_0\overline{A}_1\overline{A}_0+2D_1\overline{A}_1A_0+2D_2A_1\overline{A}_0+2D_3A_1A_0$$

② 數據分配器。

數據分配器(DMUX):其作用與多路選擇器相反,它可以把一個通道中傳來的資訊,按地址分配到不同的資料通道中去。

圖 7-2-10 為由 74LSl38 構成的資料分配器。

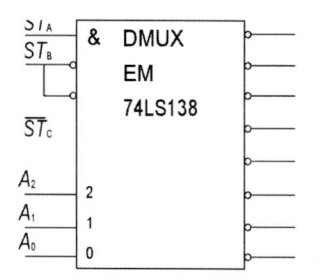

圖7-2-10　資料分配器74LSl38邏輯符號框圖

【任務實施】

一、實施內容

CD4511驅動七段數碼管。

二、準備工作

(1)所需設備、工具和材料。電源、導線、萬用表。
(2)安全防護用品。標準作業裝、安全鞋、線手套等。

三、技術規範與注意事項

(1)嚴禁違規操作。
(2)使用維修手冊和電路圖時，要注意避免殘缺不全，資料應與使用車輛型號相對應。
(3)要遵守維修手冊規定的其他技術和安全要求。

四、任務實施步驟及方法

(1)清點所需工具、量具數量和種類。
(2)檢查設備、工具、量具性能是否良好。

五、CD4511驅動七段數碼管

(一)認識數碼管

半導體數碼管的優點：
(1)亮度高、字形清晰；
(2)工作電壓低(1.5～3 V)；
(3)體積小、可靠性高、壽命長；
(4)回應速度快。

(二)研究顯示字形所需的驅動信號

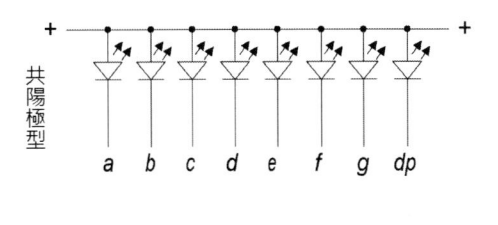

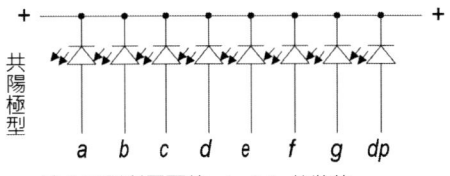

共陽極型

a　b　c　d　e　f　g　dp

共陽極型

a　b　c　d　e　f　g　dp

填入字形所需要的 *abcdefg* 的狀態

課程名稱		小組編號	
小組負責人		任務接受時間	
任務完成人		要求完成時間	
任務名稱	CD4511驅動七段數碼管		
任務內容和要求 CD4511驅動七段數碼管 會 CD4511 以及七段數碼管工作原理			

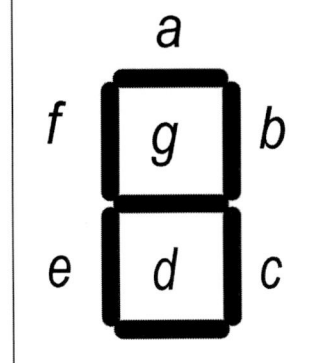

字形	a	b	c	d	e	f	g
0							
1							
2							
3							
4							
5							
6							
7							
8							
9							

CD4511連接七段數碼管原理圖

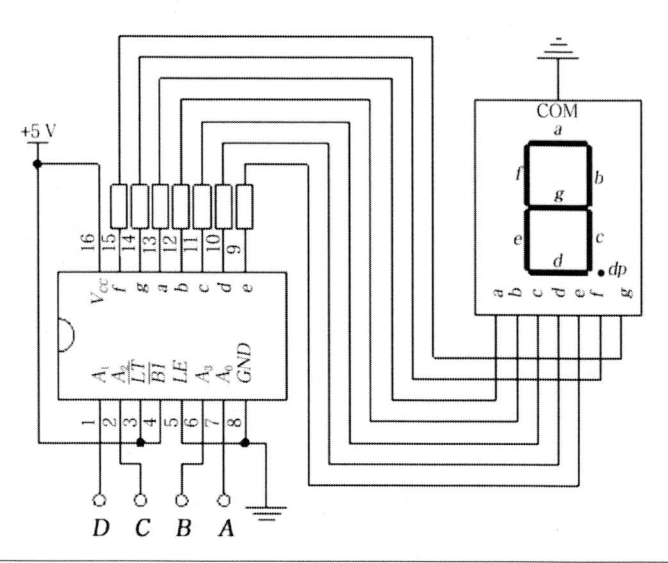

實驗步驟：
(1)檢查工作條件和設備是否安全。
(2)按原理圖接好電路。
(3)輸入端 ABCD 連上邏輯開關。
(4)連好試驗臺上電源。
(5)等待老師檢查電路是否合格。
(6)打開試驗台電源。
(7)撥動邏輯開關 按記錄表的要求輸入 ABCD 相應的狀態 記錄下數碼管顯示的數值。
(8)實驗完成後做好"8S"。

A	B	C	D	數碼管顯示
0	0	0	0	
0	0	0	1	
0	1	1	0	
0	1	1	1	
1	0	0	0	
1	0	0	1	
0	0	1	0	
0	0	1	1	
0	1	0	0	
0	1	0	1	

如果要數碼管顯示 8 輸入端 ABCD 應是什麼狀態組合：
如果要數碼管顯示 2 輸入端 ABCD 應是什麼狀態組合：

任務完成心得：

自評打分：

【任務檢測】

一 選擇題

1.組合電路邏輯函數的幾種方法包括(　　　)邏輯運算式、時序圖和邏輯圖等。
A.真值表　　　B.邏輯式　　　C.數據式　　　D.解碼器
2.解碼器是一種能把(　　　)轉換成特定資訊的電路系統。
A.十進位　　　B.二進位　　　C.十進位代碼　　　D.二進位碼
3.圖7-2-11所示為(　　　)。

圖7-2-11　題3圖

A.資料選擇器74LS253邏輯符號框　　B.CC4511引腳排　C.數據分配器　D.七段解碼驅動電路框
4. 發光二極體分別用 a、b、(　　)、d、e、(　　)、g 這7個字母代表。
A.c、d　　　B.a、d　　　C.c、f　　　D.g、g
5. 按照使用基本開關元件不同劃分，組合電路又分為 CMOS、(　　　)等類型。
A.TTL　　　B.Mi　　　C.TEL　　　D.CMSS

二 判斷題

1.　組合邏輯電路特點：電路在任一時刻的輸出狀態只取決於該時刻的輸入狀態，而與前一時刻的輸出狀態無關。　　　　　　　　　　　　　　　　　　　　　　　　(　　)
2.　一種能把二進位碼轉換成特定資訊的電路系統被稱為反及閘。　　　　(　　)
3.　資料選擇器(DMUX)：其功能是能從多個資料通道中，按要求選擇其中某一個通道的資料，並傳送到輸出通道中。　　　　　　　　　　　　　　　　　　　　　　(　　)
4.　數據分配器(DMUX)：其作用與多路選擇器相反，它可以把一個通道中傳來的資訊，按位址分配到不同的資料通道中去。　　　　　　　　　　　　　　　　　(　　)
5.按照邏輯功能特點不同劃分，組合電路分為加編碼器、解碼器、資料選擇器和分電器等。　　　　　　　　　　　　　　　　　　　　　　　　　　　　　　　　　(　　)

【評價與回饋】

序號	考核項目	分值	考核內容	配分	考核標準	得分
1	出勤 紀律	5分	出勤	2分	違規一次不得分	
			行為規範	3分	違規一次不得分	
2	安全 防護、環保	20分	著裝	2分	違規一次不得分	
			個人防護	3分	違規一次不得分	
			"5S" "EHS"	5分	違規一次不得分	
			設備使用安全	5分	違規一次不得分	
			操作安全	5分	違規一次不得分	
3	任務檢測	20分	任務測驗成績	20分	測驗成績的20%計	
4	技能考核	35分	技能測驗成績	35分	測驗成績的35%計	
5	學習能力	10分	工單填寫、工藝計畫制訂	4分	未做不得分	
			組內活動情況	5分	酌情扣分	
			資料查閱和收集	1分	未做不得分	
6	任務拓展	10分	知識拓展任務	2分	未做不得分	
			技能拓展任務	8分	未做不得分	
	總分	100分				

【教師評估】

序號	優點	存在問題	解決方案

教師簽字：

【學習後記】

任務三　觸發器的分析與運用

【任務目標】

目標類型	目標要求
知識目標	(1)熟悉基本 RS 觸發器、JK 觸發器、D 觸發器電路的邏輯符號 (2)掌握基本 RS 觸發器、JK 觸發器、D 觸發器電路邏輯功能
技能目標	(1)掌握基本 RS 觸發器邏輯功能的測試方法 (2)掌握集成JK觸發器邏輯功能的測試方法 (3)掌握D觸發器邏輯功能的測試方法
情感目標	增強安全用電意識、養成良好的用電習慣

【任務描述】

學會使用雙蹤示波器、電壓表、電流錶等儀器儀錶，掌握基本 RS 觸發器、JK 觸發器、D 觸發器、集成觸發器等電路邏輯功能的測試，進一步熟悉數位電路實驗裝置的結構、基本功能和使用方法。

【知識準備】

一、觸發器概述

觸發器具有兩個穩定狀態，用以表示邏輯狀態"**1**"和"**0**"，在一定的外界信號作用下，可以從一個穩定狀態翻轉到另一個穩定狀態，它是一個具有記憶功能的二進位資訊存貯器件，是構成各種時序電路的最基本邏輯單元。

(一)RS 觸發器

1.基本 RS 觸發器

它由兩個反及閘交叉連接而成。電路結構如圖 7-3-1(a)所示。其中 $\bar{R}_D$、$\bar{S}_D$ 為兩個輸入端，$\bar{Q}$ 和 Q 為兩個輸出端，其邏輯符號如圖 7-3-1(b)所示。

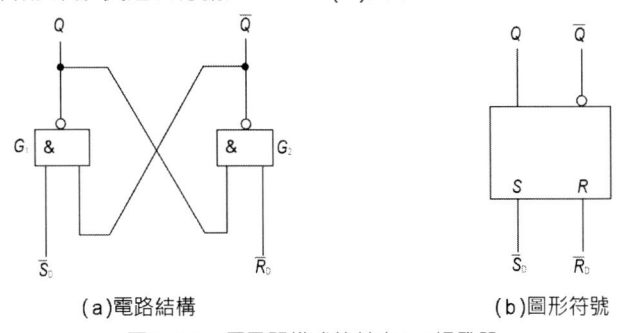

(a)電路結構　　　　　　　(b)圖形符號

圖 7-3-1　反及閘構成的基本 RS 觸發器

基本 RS 觸發器的狀態表：

$\overline{S}_D$	$\overline{R}_D$	Q	$\overline{Q}$	邏輯功能
0	1	1	0	置 1
1	0	0	1	置 0
1	1	不變	不變	保持
0	0	不定	不定	禁用

2. 集成基本 RS 觸發器

集成基本 RS 觸發器：它是由 4 個基本 RS 觸發器組成的積體電路，例如 CC4043，其引腳排列圖如圖 7-3-2 所示，功能表如表 7-3-1 所示。

圖 7-3-2 集成基本 RS 觸發

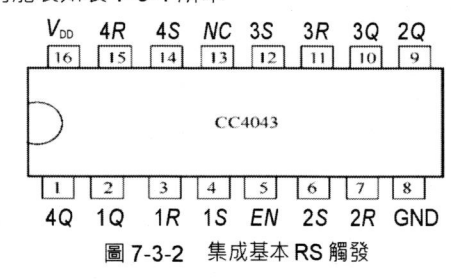

表 7-3-1 CC4043 功能表

輸入			輸出
S	R	EN	Q
×	×	0	高阻 Q″(原態)
0	0	1	0
0	1	1	1
1	0	1	禁用
1	1	1	

3. 同步 RS 觸發器

同步觸發器 把受時鐘控制的觸發器統稱為時鐘觸發器或同步觸發器。

同步 RS 觸發器：電路結構圖和圖形符號如圖 7-3-3(a)、(b) 所示，其中反及閘 C、D 構成導引電路，反及閘 A 和 B 構成基本 RS 觸發器。

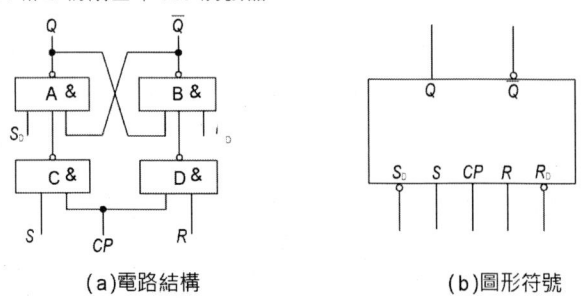

(a) 電路結構 　　　　　(b) 圖形符號

圖 7-3-3 同步 RS 觸發器

同步 RS 觸發器特性表：

CP	R	S	Q^n	Q^{n-1}	功能
0	×	×	0	0	保持
			1	1	
1	0	0	0	0	保持
			1	1	
1	0	1	0	1	置1
			1	1	
1	1	0	0	0	置0
			1	0	
1	1	1	0	×	不定
			1	×	

(二)JK 觸發器

1. 主從 JK 觸發器

主從 JK 觸發器由兩個同步 RS 觸發器組成，前級為主觸發器，後級為從觸發器。主從 JK 觸發器電路結構和圖形符號如圖 7-3-4(a)、(b)所示。

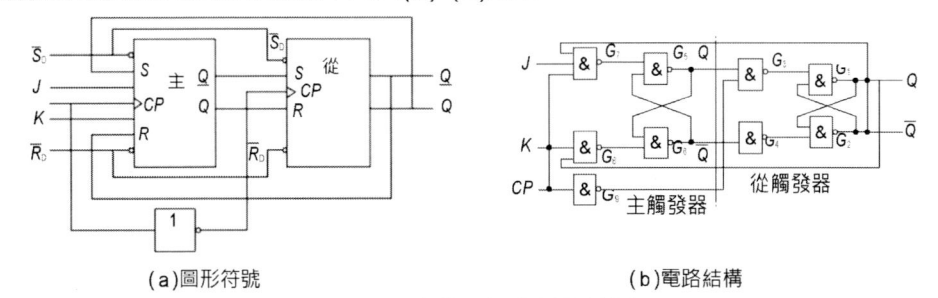

(a)圖形符號　　　　　　　　　(b)電路結構

圖 7-3-4　主從JK觸發器圖形符號

主從JK觸發器邏輯功能：

J	K	Q^n	Q^{n-1}	功能
0	0	0	0	保持
		1	1	
0	1	0	0	置0
		1	0	
1	0	0	1	置1
		1	1	
1	1	0	1	翻轉
		1	0	

主從JK觸發器的特性方程為：

$$Q^{n+1}=J\overline{Q}^n+\overline{K}Q^n$$

2.邊沿觸發的JK觸發器

邊沿觸發的JK觸發器：圖形符號見圖7-3-5，在符號圖中，CP一端標有"∧"和小圓圈，表示脈衝下降沿有效，如CP一端只標有"∧"而沒有小圓圈，則表示脈衝上升沿有效。

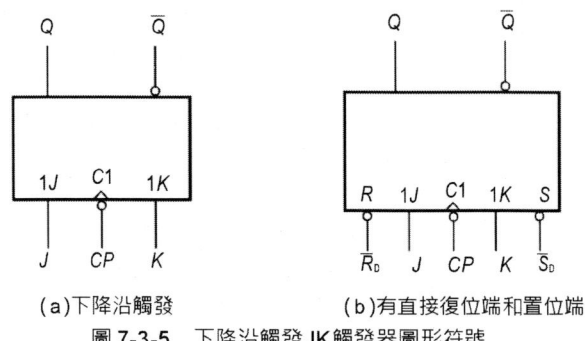

(a)下降沿觸發　　　　(b)有直接復位端和置位端

圖7-3-5　下降沿觸發JK觸發器圖形符號

想一想：

已知下降沿觸發的JK觸發器的輸入CP、J和K的波形，如圖7-3-6所示，試畫出Q端對應的電壓波形。設觸發器的初始狀態為**0**態。

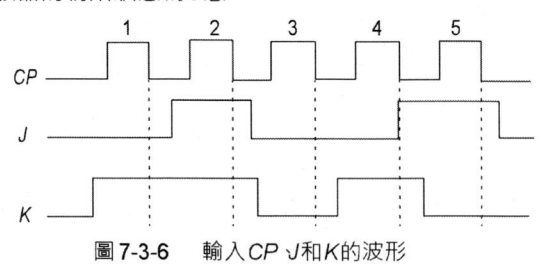

圖7-3-6　輸入CP、J和K的波形

3.集成JK觸發器

如圖7-3-7所示，圖中分別為TTL邊沿JK觸發器CT74LS112的實物圖(a)、外引腳排列圖(b)、邏輯符號(c)。

(a)實物圖　　　(b)外引腳排列圖　　　(c)邏輯符號

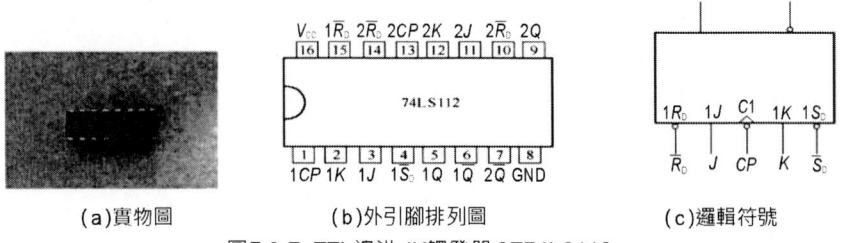

圖7-3-7　TTL邊沿JK觸發器CT74LS112

(三)D 觸發器

1.同步 D 觸發器

同步 D 觸發器的圖形符號如圖 7-3-8 所示。

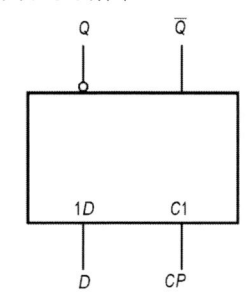

圖 7-3-8　同步 D 觸發器圖形符號

特性方程為 :$Q^{n+1}=D^n$

同步 D 觸發器邏輯功能見表 :

D	Q^n	Q^{n+1}	功能
0	0	0	置0
	1		
1	0	1	置1
	1		

2. 邊沿觸發的 D 觸發器

邊沿觸發的 D 觸發器的圖形符號如圖 7-3-9 所示。

(a)CP 脈衝上升沿有效　　(b)CP 脈衝下降沿有效

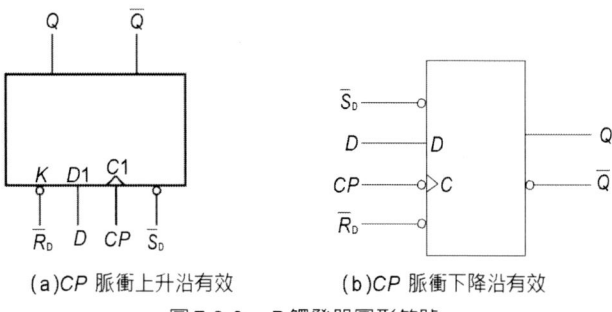

圖 7-3-9　D 觸發器圖形符號

3.集成 D 觸發器

集成 D 觸發器 74LS74 的實物圖和引腳排列圖如圖 7-3-10(a)、(b)所示，74LS74 為雙上升沿 D 觸發器。

(a)CP 脈衝上升沿有效　　(b)CP 脈衝下降沿有效

圖 7-3-10　D 觸發器圖形符號

【任務實施】

一、實施內容

74LS112 控制彩燈。

二、準備工作

(1)所需設備、工具和材料。電源、導線、萬用表。
(2)安全防護用品。標準作業裝、安全鞋、線手套等。

三、技術規範與注意事項

(1)嚴禁違規操作。
(2)使用維修手冊和電路圖時，要注意避免殘缺不全，資料應與使用車輛型號相對應。
(3)要遵守維修手冊規定的其他技術和安全要求。

四、任務實施步驟及方法

(1)清點所需工具、量具數量和種類。
(2)檢查設備、工具、量具性能是否良好。

五、74LS112 控制彩燈

課程名稱		小組編號	
小組負責人		任務接受時間	
任務完成人		要求完成時間	
任務名稱	74LS112 控制彩燈		
任務內容和要求	用 74LS112 控制彩燈		

1.器材準備

數字實驗台、電源、積體電路 74LS00 一塊。

2.電路連接說明。

(1)74LS112的16腳接通+5V電源，8腳接地；

(2)標准頻率脈沖源的 GND 和實驗板上 GND 接一起；

(3)1腳和13腳連一起後接 CP 秒信號；

(4)2腳和3腳連一起後接邏輯開關；

(5)5腳與 11 腳 12 腳連一起後接發光二極體；

(6)9 腳連發光二極體 LA、LC。

3.任務步驟

(1)根據電路連接說明連接電路；

(2)老師檢查電路合格後通電；

(3)邏輯開關置高電平；

(4)觀察發光二極體的閃爍情況；

(5)完成實驗後斷開LA、LB、LC的連接後，把5腳、6腳、7腳、9腳分別接發光二極體，觀察發光二極體的閃爍情況。

74LS112引腳圖：

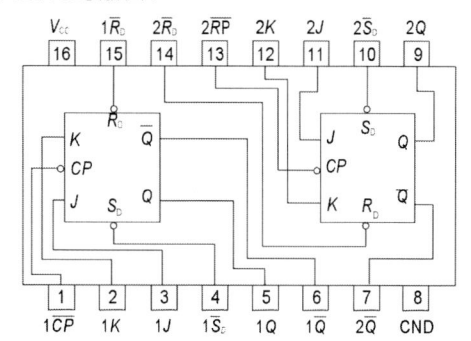

74LS112 控制彩燈電路：

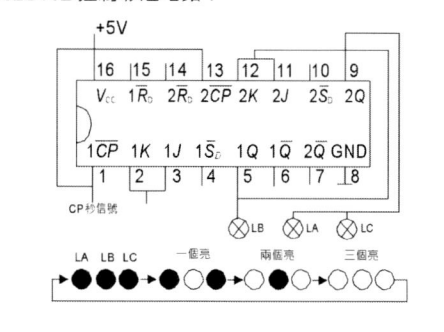

由任務步驟4觀察發光二極體的閃爍情況，分析電路實現了什麼功能：

由任務步驟5觀察發光二極體的閃爍情況，分析電路實現了什麼功能：

任務總結：

自評打分：

【任務檢測】

一 選擇題

1.觸發器具有兩個穩定狀態,用以表示邏輯狀態"(　)"和"(　)"。
　A.1、2　　　　　　B.1、0　　　　　　C.2、1　　　　　　D.0、0
2.基本 RS 觸發器:它由兩個反及閘(　)連接而成。
　A.交叉　　　　　　B.相交　　　　　　C.平行　　　　　　D.串並連
3.集成基本 RS 觸發器:它是由 4 個基本(　)組成的積體電路。
　A.RS觸發器　　　　B.解碼器　　　　　C.七彩電路解碼器　　D.RS 接觸器
4.主從 JK 觸發器由兩個同步 RS 觸發器組成,前級為主觸發器,後級為(　)。
　A.主接觸器　　　　B.從觸發器　　　　C.從接觸器　　　　D.主觸發器
5.把受時鐘控制的觸發器統稱為(　)或同步觸發器。
　A.同時觸發器　　　B.時刻觸發器　　　C.鐘錶觸發器　　　D.時鐘觸發器

二 計算題

1.已知基本 RS 觸發器的 $\overline{R}_D$ 和 $\overline{S}_D$ 電壓波形如圖 7-3-11 所示,試畫出 Q 端對應的電壓波形。

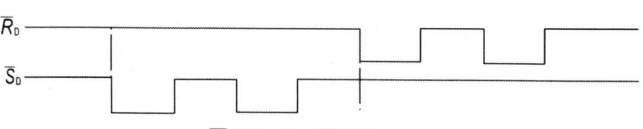

圖 7-3-11　題1圖

2.已知主從 JK 觸發器的輸入 CP、J 和 K 的波形,如圖7-3-12所示,試畫出Q端對應的電壓波形。設觸發器的初始狀態為 0 態。

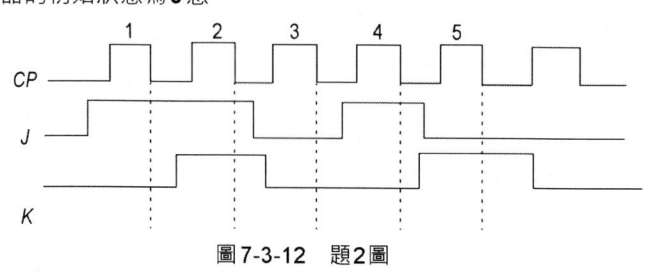

圖 7-3-12　題2圖

【評價與回饋】

序號	考核項目	分值	考核內容	配分	考核標準	得分
1	出勤 紀律	5分	出勤	2分	違規一次不得分	
			行為規範	3分	違規一次不得分	
2	安全 防護、環保	20分	著裝	2分	違規一次不得分	
			個人防護	3分	違規一次不得分	
			"5S" "EHS"	5分	違規一次不得分	
			設備使用安全	5分	違規一次不得分	
			操作安全	5分	違規一次不得分	
3	任務檢測	20分	任務測驗成績	20分	測驗成績的20%計	
4	技能考核	35分	技能測驗成績	35分	測驗成績的35%計	
5	學習能力	10分	工單填寫、工藝計畫制訂	4分	未做不得分	
			組內活動情況	5分	酌情扣分	
			資料查閱和收集	1分	未做不得分	
6	任務拓展	10分	知識拓展任務	2分	未做不得分	
			技能拓展任務	8分	未做不得分	
	總分	100分				

【教師評估】

序號	優點	存在問題	解決方案

教師簽字：

【學習後記】

任務四　時序邏輯電路的分析與運用

【任務目標】

目標類型	目標要求
知識目標	(1)瞭解二進位計數器、十進位計數器、集成計數器、寄存器的工作原理 (2)掌握二進位計數器、十進位計數器、集成計數器、寄存器等電路分析 (3)瞭解 555 計時器的工作原理及應用
技能目標	(1)掌握二進位計數器、集成計數器等電路邏輯功能的測試 (2)掌握 555 計時器的功能測試及應用
情感目標	增強安全用電意識、養成良好的用電習慣

【任務描述】

瞭解二進位計數器、十進位計數器、集成計數器、寄存器及555計時器的工作原理。學會使用雙蹤示波器、電壓表、毫安培表等儀器儀錶，進行二進位計數器、十進位計數器、集成計數器等電路邏輯功能的測試，掌握 555 計時器的功能測試及應用。

【知識準備】

一　時序邏輯電路

(一)時序邏輯電路結構

時序邏輯電路結構如圖 7-4-1 所示，在任意時刻，電路的輸出狀態不僅取決於該時刻的輸入狀態，還與前一時刻電路的狀態有關。

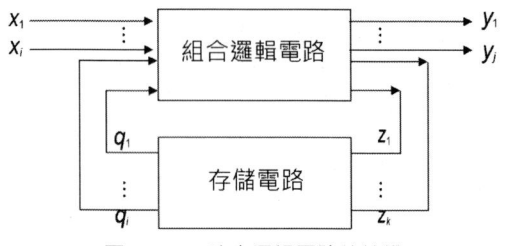

圖 7-4-1　時序邏輯電路的結構

(二)時序邏輯電路特點

第一、時序電路通常包含存儲電路和組合電路兩個部分。

第二、第二、存儲電路的輸出狀態必須回饋到組合電路的輸入端，與輸入信號一起，共同決定

(三)時序邏輯電路分類

同步時序電路:所有觸發器狀態的變化都在同一時鐘信號操作下同時發生。

非同步時序電路:觸發器狀態的觸發器狀態不是同時發生的。

(四)計數器

計數器是一個用以實現計數功能的時序部件,它是一種記憶系統,它不僅可用來計脈衝數,還常用作數位系統的定時、分頻和執行數位運算以及其他特定的邏輯功能。

1. 非同步計數器

(1)非同步二進位加法計數器

用四個主從JK觸發器組成的四位元二進位加法計數器邏輯圖如圖7-4-2所示。

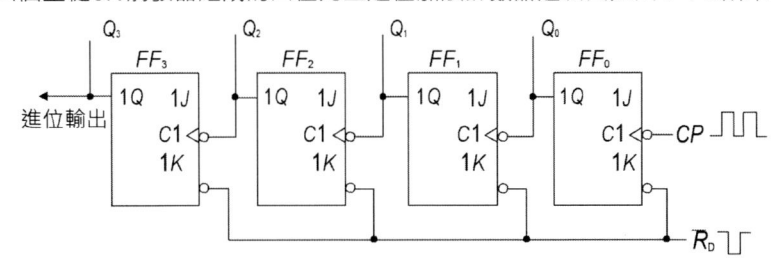

圖7-4-2 JK觸發器組成的非同步二進位四位元加法計數器

輸入脈衝序號	Q_3	Q_2	Q_1	Q_0
0	0	0	0	0
1	0	0	0	1
2	0	0	1	0
3	0	0	1	1
4	0	1	0	0
5	0	1	0	1
6	0	1	1	0
7	0	1	1	1
8	1	0	0	0
9	1	0	0	1
10	1	0	1	0
11	1	0	1	1
12	1	1	0	0
13	1	1	0	1
14	1	1	1	0
15	1	1	1	1

各級觸發器的狀態可用波形如圖 7-4-3 所示。圖中每個觸發器狀態波形的頻率為其相鄰低位元觸發器狀態波形頻率的二分之一，即對輸入脈衝進行二分頻。所以，相對於計數輸入脈衝而言，FF_0、FF_1、FF_2、FF_3 的輸出脈衝分別是二分頻、四分頻、八分頻、十六分頻，由此可見 N 位元二進位計數器具有 $2N$ 分頻功能，可作分頻器使用。

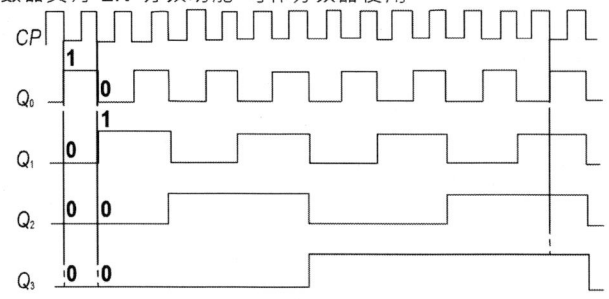

圖 7-4-3　非同步二進位四位元加法計數器各級觸發器的波形

(2)非同步二進位減法計數器。 三位元非同步

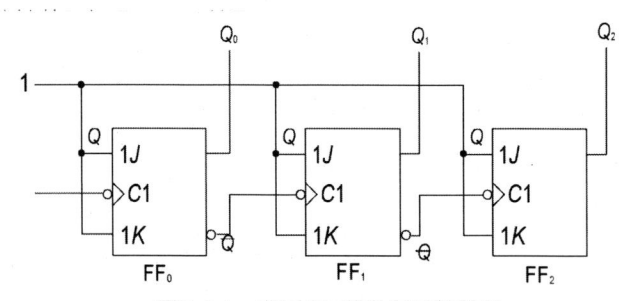

圖 7-4-4　非同步二進位減法計數器

三位元非同步二進位減法計數器狀態轉換真值表。

CP	$Q_2^n Q_1^n Q_0^n$	$Q_2^{n+1} Q_1^{n+1} Q_0^{n+1}$
1	0 0 0	1 1 1
2	1 1 1	1 1 0
3	1 1 0	1 0 1
4	1 0 1	1 0 0
5	1 0 0	0 1 1
6	0 1 1	0 1 0
7	0 1 0	0 0 1
8	0 0 1	0 0 0

各級觸發器的狀態波形圖如圖 7-4-5 所示。

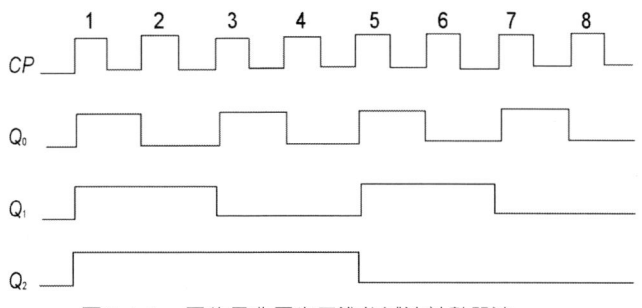

圖 7-4-5　三位元非同步二進位減法計數器波

2. 同步計數器

　　同步十進位加法計數器：第十個計數脈衝來到後，計數器返回 0000 狀態，完成一次十進制計數輪迴。如圖 7-4-6 所示。

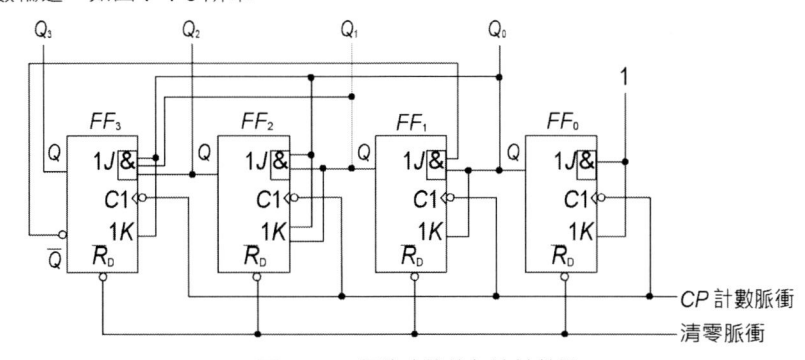

圖 7-4-6　同步十進位加法計數器

同步十進位加法計數器狀態表：

CP	$Q_3^n Q_2^n Q_2^n Q_0^n$	$Q_3^{n+1} Q_2^{n+1} Q_2^{n+1} Q_0^{n+1}$	十進位數字
0	0000	0000	0
1	0000	0001	1
2	0001	0010	2
3	0010	0011	3
4	0011	0100	4
5	0100	0101	5
6	0101	0110	6
7	0110	0111	7
8	0111	1000	8
9	1000	1001	9
10	1001	0000	0

各級觸發器的狀態波形圖如圖 7-4-7 所示。

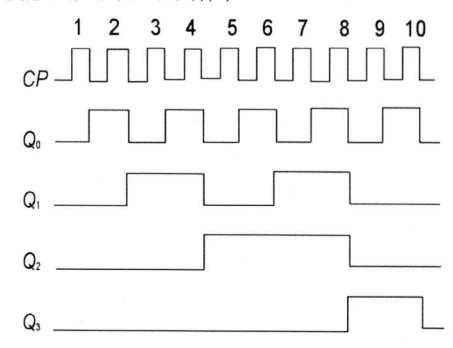

圖 7-4-7　同步十進位加法計數器的波形

3.集成計數器

中規模十進位計數器　　CC40192：是同步十進位可逆計數器，具有倍頻輸入，並具有清除和置數等功能，其引腳排列及邏輯符號如圖 7-4-8 所示。

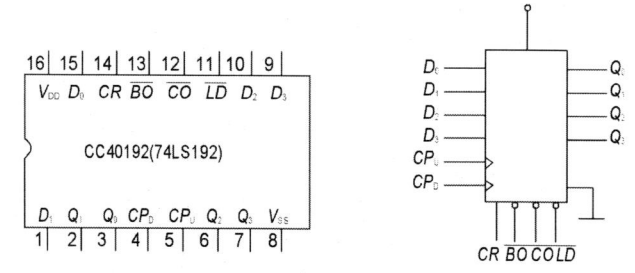

圖 7-4-8　CC40192 引腳排列及邏輯符號

邏輯功能表：

輸入									輸出			
CR	$\overline{LD}$	CP_U	CP_D	D_3	D_2	D_1	D_0	Q_3	Q_2	Q_1	Q_0
1	×	×	×	×	×	×	×	0	0	0	0
0	0	×	×	d	c	b	a	d	c	b	a
0	1	↑	1	×	×	×	×	加計數			
0	1	1	↑	×	×	×	×	減計數			

(五)寄存器

1.寄存器的概念

將二進位數字碼指令或資料暫時存儲起來的操作稱為寄存，具有寄存功能的電路稱為寄存器。

2.數碼寄存器

僅具有接收、存儲和消除原來所存數碼功能的寄存器稱為數碼寄存器。

圖 7-4-9 所示為四個 D 觸發器組成的四位數碼寄存器。

圖 7-4-9　四位數碼寄存器

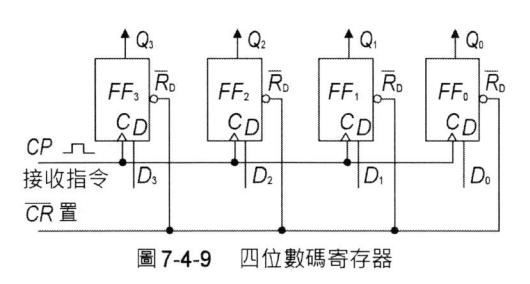

(六)555 積體電路

1.555 電路的工作原理

555 電路組成:電路方框圖和引腳排列如圖 7-4-10(a)(b)所示。它含有兩個電壓比較器，一個基本 RS 觸發器，一個放電開關管 T，比較器的參考電壓由三隻 5 kΩ 的電阻器構成的分壓器提供。

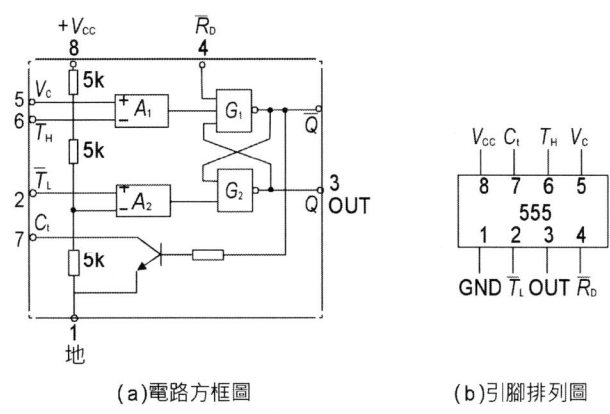

(a)電路方框圖　　　　(b)引腳排列圖

圖 7-4-10　555 計時器內部框圖及引腳排列

2.555 計時器的典型應用

(1)構成單穩態觸發器。

圖 7-4-11(a)為由 555 計時器和外接定時元件 $R \cdot C$ 構成的單穩態觸發器。

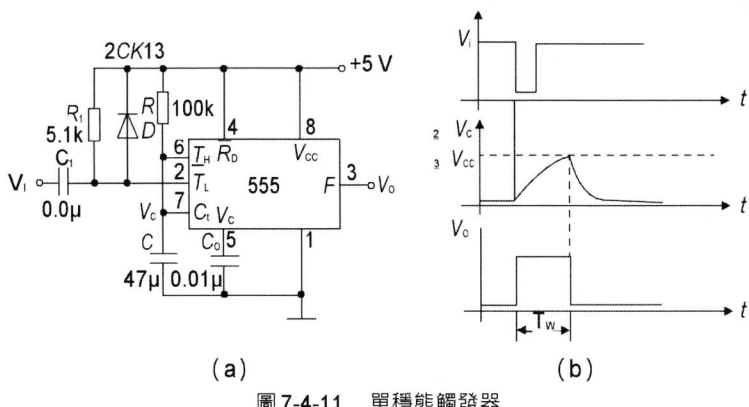

(a)　　　　(b)

圖 7-4-11　單穩態觸發器

單穩態觸發器工作原理:當有一個外部負脈衝觸發信號經C_1加到2端,並使2端電位瞬時低於**0**,低電平比較器動作,單穩態電路即開始一個暫態過程,電容C開始充電,V_c按指數規律增長。當V_c充電到$\frac{2}{3}V_{cc}$時,高電平比較器動作,比較器翻轉,輸出V_o從高電平返回低電平,放電開關管重新導通,電容C上的電荷很快經放電開關管放電,暫態結束,恢復穩態,為下個觸發脈衝的來到做好準備。波形圖如圖7-4-11(b)所示。

(2)構成多諧振盪器。

如圖7-4-12(a),由555計時器和外接元件R_1、R_2、C構成多諧振盪器,腳2與腳6直接相連。電路沒有穩態,僅存在兩個暫穩態,電路亦不需要外加觸發信號,利用電源通過R_1、R_2向C充電,以及C通過R_2向放電端C_1放電,使電路產生振盪。電容C在和之間充電和放電,其波形如圖7-4-12(b)所示。

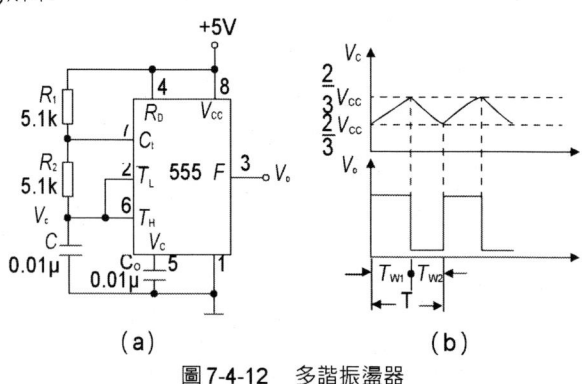

圖7-4-12 多諧振盪器

(3)組成施密特觸發器。

電路如圖7-4-13所示,只要將腳2,腳6連在一起作為信號輸入端,即得到施密特觸發器。

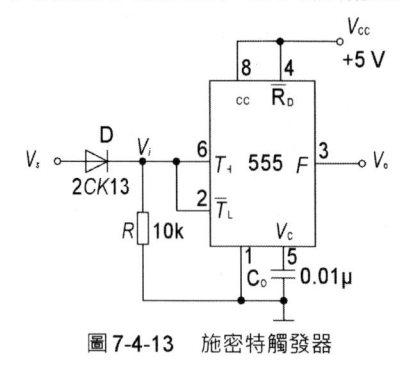

圖7-4-13 施密特觸發器

【任務實施】

一、實施內容

555時基電路防盜報警電路連接。

二、準備工作

(1)所需設備、工具和材料。

電源、導線、萬用表。

(2)安全防護用品。
標準作業裝、安全鞋、線手套等。

三、技術規範與注意事項

(1)嚴禁違規操作。
(2)使用維修手冊和電路圖時,要注意避免殘缺不全,資料應與使用車輛型號相對應。
(3)要遵守維修手冊規定的其他技術和安全要求。

四、任務實施步驟及方法

(1)清點所需工具、量具數量和種類。
(2)檢查設備、工具、量具性能是否良好。

五、555 時基電路防盜報警電路連接

課程名稱		小組編號	
小組負責人		任務接受時間	
任務完成人		要求完成時間	
任務名稱	555 時基電路防盜報警電路		
任務內容和要求	555 時基電路防盜報警電路		

1. 器材準備

數字實驗台、電源、10 kΩ 電阻一個、100 kΩ 電阻兩個、電容三個、喇叭一個、集成電路 555 時基電路一塊。

2. 任務步驟

(1)將搭建如右圖的電路,實現報警功能;
(2)畫出3號腳輸出波形示意圖:

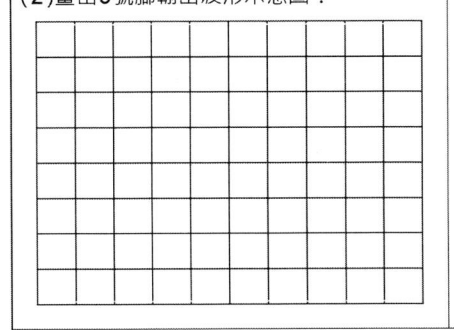

555 時基電路防盜報警電路圖:

說出 555 防盜報警電路的工作原理:

任務總結:

自評打分:

【任務檢測】

一 選擇題

1. 僅具有(　　)存儲和消除原來所存數碼功能的寄存器稱為數碼寄存器。
 A．接收　　　　B．發送　　　　C．刪除　　　　D．重播

2. 在任意時刻,電路的輸出狀態不僅取決於該時刻的輸入狀態,還與前一時刻電路的狀態有關的是(　　)。
 A.時序邏輯電路　B.時逆邏輯電路　C.解碼器　　　D.時序電阻

3. 中規模十進位計數器 CC40192 :是同步(　　)計數器,具有倍頻輸入,並具有清除和置數等功能。
 A.十進位可逆　　B.二進位　　　C.十進位　　　D.二進位可逆

4. 同步十進位加法計數器,第十個(　　)來到後,計數器返回 0000 狀態,完成一次十進制計數輪迴。
 A.計數脈衝　　B.計數頻率　　C.計數波形　　D.計數波動

5. 計數器,是一個用以實現計數功能的時序部件,它是一種記憶系統,它不僅可用來計(　　)還常用作數位系統的定時,分頻和執行數位運算以及其他特定的邏輯功能。
 A.脈衝數　　　B.頻率數　　　C.波形數　　　D.波動數

二 判斷題

1. 將二進位數字碼指令或資料暫時存儲起來的操作稱為寄存,具有寄存功能的電路稱為寄存器。　　　　　　　　　　　　　　　　　　　　　　　　　(　　)

2. 時序邏輯電路特點:時序電路通常包含存儲電路和組合電路兩個部分;存儲電路的輸出狀態必須回饋到組合電路的輸入端,與輸入信號一起,雙方信號決定組合電路的輸出。
　　　　　　　　　　　　　　　　　　　　　　　　　　　　　　　(　　)

3.同步時序電路,所有觸發器狀態的變化都在同一時鐘信號操作下同時發生。(　　)

4.計數器,是一個用以實現計數功能的時序部件,它是一種記憶系統,它不僅可用來計頻率數,還常用作數位系統的定時,分頻和執行數位運算以及其他特定的邏輯功能。(　　)

5. 用四個主從 JK 觸發器組成的四位元二進位加法計數器就是非同步二進位加法計數器。

【評價與回饋】

序號	考核項目	分值	考核內容	配分	考核標準	得分
1	出勤 紀律	5分	出勤	2分	違規一次不得分	
			行為規範	3分	違規一次不得分	
2	安全 防護、環保	20分	著裝	2分	違規一次不得分	
			個人防護	3分	違規一次不得分	
			"5S" "EHS"	5分	違規一次不得分	
			設備使用安全	5分	違規一次不得分	
			操作安全	5分	違規一次不得分	
3	任務檢測	20分	任務測驗成績	20分	測驗成績的 20%計	
4	技能考核	35分	技能測驗成績	35分	測驗成績的 35%計	
5	學習能力	10分	工單填寫·工藝計畫制訂	4分	未做不得分	
			組內活動情況	5分	酌情扣分	
			資料查閱和收集	1分	未做不得分	
6	任務拓展	10分	知識拓展任務	2分	未做不得分	
			技能拓展任務	8分	未做不得分	
	總分	100分				

【教師評估】

序號	優點	存在問題	解決方案

教師簽字：

【學習後記】

任務五　汽車數位轉速表、車速表電路的讀識與測量

【任務目標】

目標類型	目標要求
知識目標	(1)認知汽車車速表、發動機轉速表、里程表 (2)掌握汽車車速表、發動機轉速表、里程表的作用及工作原理
技能目標	(1)會檢測汽車車速表、發動機轉速表、里程表 (2)能熟練使用汽車專用萬用表
情感目標	增強安全用電意識、養成良好的用電習慣

【任務描述】

瞭解汽車儀錶的分類和電子化儀錶的優點，瞭解汽車常用電子顯示器件，掌握傳統式車速表工作原理，掌握傳統式轉速表工作原理，掌握電子式車速表工作原理，掌握數位式轉速表的工作原理，能夠熟練掌握轎車數位儀錶的故障診斷。

【知識準備】

一、汽車儀錶的分類

(一)按工作原理劃分

機械式儀錶:就是基於機械作用力而工作的儀錶。電氣式儀錶:就是基於電測原理，通過各類感測器將被測的非電量變換成電信號(模擬量)加以測量的儀錶。類比電路電子式儀錶:其工作原理與電氣式儀錶基本相同，只不過是用電子器件(分立元件和積體電路)取代原來的電氣器件，現在均採用各種專用積體電路。數字式儀錶:就是由 ECU 採集感測器的信號，將類比量轉換為數位量，經分析處理後控制顯示裝置的儀錶。

(二)按安裝方式劃分

組合式儀錶:就是將各儀錶組合安裝在一起。
分裝式儀錶:就是將各儀錶單獨安裝。

二、汽車電子化儀錶

(一)汽車儀錶電子化的優點

(1)電子顯示裝置能提供大量、複雜的資訊、顯示直觀清晰。
(2)為滿足汽車排氣淨化、節能、安全和舒適的要求，汽車電子控制裝置必須能迅

速、準確地處理各種複雜的資訊,並以數位、文字或圖形顯示出來,供汽車駕駛員瞭解,並及時處理。

(3)能滿足小型、輕量化的要求。為了能使有限的駕駛室空間盡可能地寬敞些,用於汽車的各種儀錶及部件都必須小型、輕量化。

(4)具有高精度和高可靠性。由於實現汽車儀錶電子化,可為操縱者(或使用者)提供高精度的資料資訊;由於沒有運動部件,反應快、準確度高。

(5)具有"一表多用"的功能。採用電子顯示器顯示易於用一組數位去分別顯示幾種信息,並可同時顯示幾個資訊,不必對每個資訊都設置一個指示表,故使組合儀錶得以簡化。

(二)汽車常用電子顯示器件

電子顯示器件大致分為兩大類,即主動顯示型和被動顯示型。主動顯示型的顯示器件本身輻射光線,有發光二極體(LED)、真空螢光管(VFD)、陰極射線管(CRT)等離子顯示器件(PDP)和電致發光顯示器件(ELD)等;被動顯示型的顯示器件相當於一個光閥,它的顯示靠另一個光源來調製,有液晶顯示器件(LCD)和電致變色顯示器件(ECD)等。如圖 7-5-1、圖 7-5-2 所示均可作為汽車電子顯示器件使用。

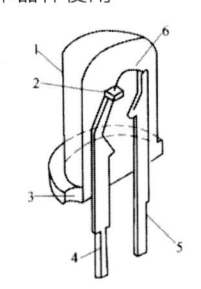

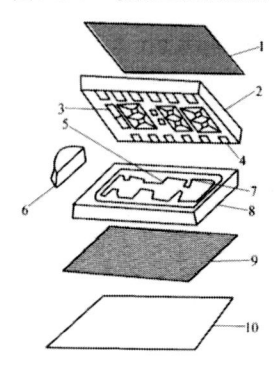

1-塑膠外殼;2-二極體晶片;3-陰極缺口標記;4-陰極引線;5-陽極陰線;6-導線

圖 7-5-1　發光二極體結構

1-前偏振片;2-前玻璃板;3-筆劃電極;4-接線端;5-背板;6-反射光;7-密封面
8-玻璃背板;9-後偏振片;10-反射鏡圖

圖 7-5-2　液晶顯示器結構

(三)傳統式車速里程表

1.作用 車速里程表是用來指示汽車行駛速度和累計行駛里程數的儀錶。

2.組成

它由車速表和里程表兩部分組成,有的車速里程表上還帶有里程小計表和里程小計表復位杆。

3. 磁感應式車速里程表結構

磁感應式車速里程表由變速器(或分動器)內的蝸輪蝸杆經軟軸驅動。其基本結構如圖7-5-3所示。車速表是由與主動軸緊固在一起的永久磁鐵1、帶有軸及指針6的鋁碗2、磁屏3和緊固在車速里程表外殼上的刻度盤5等組成。里程表由蝸輪蝸杆機構和六位元數字的十進位元數字輪組成。

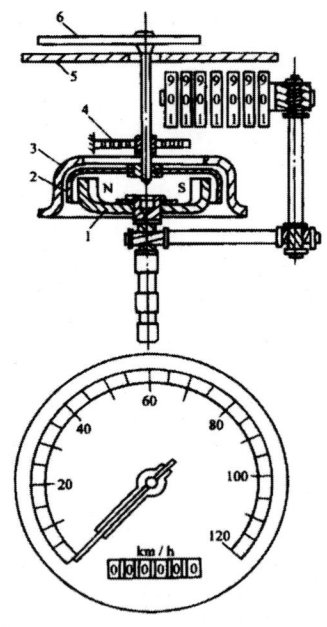

1-永久磁鐵 2-鋁碗 3-磁屏 4-盤形彈簧 5-刻度盤 6-指針
圖7-5-3 磁感應式車速里程表

4. 工作原理

(1)車速表工作原理。

不工作時,鋁碗2在盤形彈簧4的作用下,使指標指在刻度盤的零位。當汽車行駛時,主動軸帶著永久磁鐵1旋轉,永久磁鐵的磁感線穿過鋁碗2,在鋁碗2上感應出渦流,鋁碗在電磁轉矩作用下克服盤形彈簧的彈力,向永久磁鐵1轉動的方向旋轉,直至與盤形彈簧彈力相平衡。由於渦流的強弱與車速成正比,指針轉過角度與車速成正比,指標便在刻度盤上指示出相應的車速。

(2)里程表工作原理。

汽車行駛時,軟軸帶動主動軸,主動軸經三對蝸輪蝸杆(或一套蝸輪蝸杆和一套減速齒輪系)驅動里程表最右邊的第一數字輪。第一數位輪上的數位為1/10 km,每兩個相鄰的數字輪之間的傳動比為1:10。即當第一數位輪轉動一周,數字由9翻轉到0時,便使相鄰的左面第二數字輪轉動1/10周,成十進位遞增。這樣汽車行駛時,就可累計出其行駛里程數。

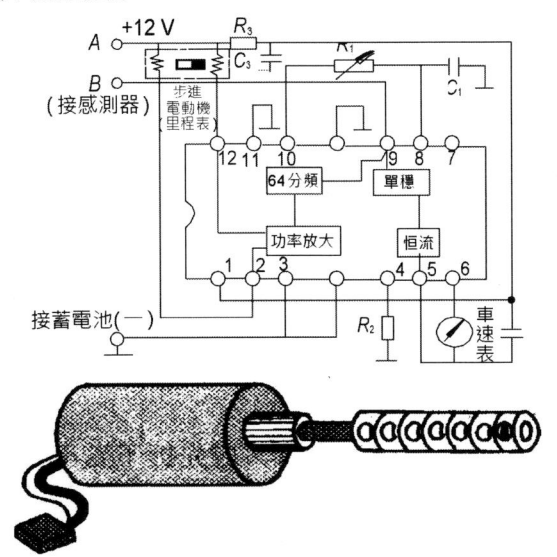

(四)電子式車速里程表

電子式車速里程表主要由車速感測器、電子電路、車速表和里程表四部分組成。如圖7-5-4所示為電子式車速里程表。

圖7-5-4 奧迪轎車電子式車速里程表

1. 車速感測器

車速感測器的作用是產生正比於車速的電信號。

它由一個舌簧開關和一個含有4對磁極的轉子組成。變速器驅動轉子旋轉,轉子每轉一周,舌簧開關中的觸點閉合,打開8次,產生8個脈衝信號,該脈衝信號頻率與車速成正比。

2. 電子電路

電子電路的作用是將車速感測器送來的電信號整形,觸發,輸出一個電流大小與車速成正比的電流信號。

其基本組成主要包括穩壓電路、單穩態觸發電路、恒流源驅動電路、64分頻電路和功率放大電路。

3. 車速表

車速表是一個電磁式電流錶,當汽車以不同車速行駛時,從電子電路接線端6輸出的與車速成正比的電流信號便驅動車速表指標偏轉,即可指示相應的車速。

4.里程表

里程表由一個步進電動機和六位元數位的十進位元數位輪組成。車速感測器輸出的信號，經**64**分頻後，再經功率放大器放大到足夠的功率，驅動步進電動機，帶動數字輪轉動，從而記錄行駛的里程。

(五)發動機轉速表

(1)常見的類型有：機械式、電子式和數位式。

(2)汽油機用的電子式轉速表，感測器信號取自點火系統初級電流的脈衝電壓。

(3)柴油機用的電子式轉速表，感測器信號取自飛輪殼上的感測器或者與發動機曲軸聯結的測速發電機。

(4)數字轉速表。

數位轉數表的電路如圖 **7-5-5** 所示。它主要由裝有永久磁鐵的磁片、霍爾集成感測器、選通門電路、時基信號電路、電源計數及數碼顯示電路等組成。計數及數碼顯示電路採用 MOS-LED 數碼顯示元件 CL102，它可以計數並顯示數碼。

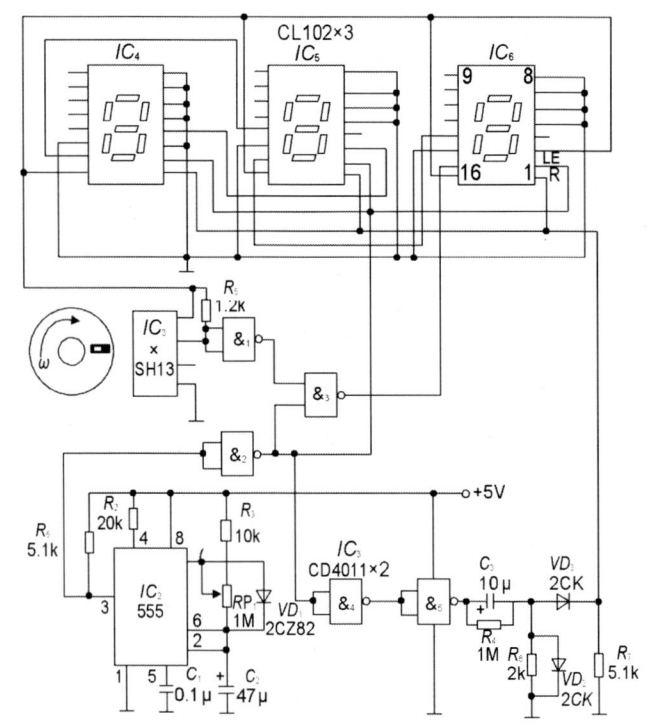

圖 7-5-5　數字轉速表電路圖

【任務實施】

一　實施內容

汽車儀錶認知與檢測。

二、準備工作

(1)所需設備、工具和材料。電源、導線、萬用表。
(2)安全防護用品。標準作業裝、安全鞋、線手套等。

三、技術規範與注意事項

(1)嚴禁違規操作。
(2)使用維修手冊和電路圖時,要注意避免殘缺不全,資料應與使用車輛型號相對應。
(3)要遵守維修手冊規定的其他技術和安全要求。

四、任務實施步驟及方法

(1)清點所需工具、量具數量和種類。
(2)檢查設備、工具、量具性能是否良好。

五、汽車儀表認知與檢測

課程名稱		小組編號	
小組負責人		任務接受時間	
任務完成人		要求完成時間	
任務名稱	汽車儀表認知與檢測		
任務內容和要求:檢查汽車儀表各個狀態表			

1. 器材準備

數字實驗台、電源、汽車儀表、汽車專用萬用表

2. 操作說明

(1)認知汽車儀錶各個零部件。
(2)檢測汽車車速表、發動機轉速表、里程表。
(3)與不同車型之間相互比較,看看有什麼不一樣。

3. 任務步驟

(1)根據維修手冊檢測汽車車速表、發動機轉速表、里程表。
(2)檢測結果填寫在下表,並判斷測量原件是否正常。

名稱	類型	電壓	電阻	電流
車速表				
車速表				
發動機轉速表				
發動機轉速表				
里程表				
里程表				

續表

車速表與其他車型相比 有什麼特點：
發動機轉速表與其他車型相比 有什麼特點：
里程表與其他車型相比 有什麼特點：
任務總結：
自評打分：

【任務檢測】

一 選擇題

1.(　　)是用來指示汽車行駛速度和累計行駛里程數的儀表。
A.發動機轉速表　　B.車速里程表　　C.水溫表　　D.油箱表

2.車速感測器作用是產生(　　)的電信號。
A.反比於車速　　B.正比於車速　　C.反比於發動機轉速　　D.正比於發動機轉速

3.里程表由一個(　　)和六位元數位的十進位元數位輪組
(A.步進電機　　B.感測器　　C.車速感測器　　D.調節器

4.發動機轉速表常見的類型有 (　　) 電子式和數位式。
A.機械式　　B.霍爾式　　C.光電式　　D.光阻式

5.車速感測器輸出的信號 經 64 分頻後 再經(　　)放大到足夠的功率 驅動步進電動機 帶動數位輪轉動 從而記錄行駛的里程。
A.步進電機　　B.功率放大器　　C.滑動電阻調節器　　D.調壓表

二 判斷題

1.基於機械作用力而工作的儀表就是機械式儀表。　　(　　)

2.電子顯示裝置能提供大量 複雜的資訊 顯示直觀清晰 能滿足小型 輕量化的要求；為了能使有限的駕駛室空間盡可能地寬敞些 用於汽車的各種儀錶及部件都必須小型 輕量化是汽車儀錶電子化的缺陷。　　(　　)

3.發光二極體在兩端加電壓就能點亮。　　(　　)

4.磁感應式車速里程表由變速器(或分動器)內的蝸輪蝸杆經光軸驅動。　　(　　)

5.汽油機用的電子式轉速表 感測器信號取自點火系統初級電流的脈衝電壓。　　(　　)

【評價與回饋】

序號	考核項目	分值	考核內容	配分	考核標準	得分
1	出勤 紀律	5分	出勤	2分	違規一次不得分	
			行為規範	3分	違規一次不得分	
2	安全 防護、環保	20分	著裝	2分	違規一次不得分	
			個人防護	3分	違規一次不得分	
			"5S" "EHS"	5分	違規一次不得分	
			設備使用安全	5分	違規一次不得分	
			操作安全	5分	違規一次不得分	
3	任務檢測	20分	任務測驗成績	20分	測驗成績的20%計	
4	技能考核	35分	技能測驗成績	35分	測驗成績的35%計	
5	學習能力	10分	工單填寫,工藝計畫制訂	4分	未做不得分	
			組內活動情況	5分	酌情扣分	
			資料查閱和收集	1分	未做不得分	
6	任務拓展	10分	知識拓展任務	2分	未做不得分	
			技能拓展任務	8分	未做不得分	
	總分	100分				

【教師評估】

序號	優點	存在問題	解決方案

教師簽字:

【學習後記】

參考文獻

[1]張大鵬 張憲．汽車電工電子基礎(第 3 版)[M]．北京:北京理工大學出版社 2012.

[2]王霆 楊屏．汽車電工電子基礎[M]．北京 清華大學出版社 2011.

[3]沈憶寧.汽車電工電子基礎(汽車運用與維修專業)[M].北京:高等教育出版社，2004.

[4]劉軍 楊浩．汽車電器設備構造與檢修[M]．重慶:重慶大學出版社 2015.

國家圖書館出版品預行編目(CIP)資料

汽車電工電子 / 劉軍，曾有為，陳彬 主編. -- 第一版.
-- 臺北市：崧燁文化，2019.02
　　面；　公分
POD版

ISBN 978-957-681-808-0(平裝)

1.汽車電學

447.1　　108000865

書　　名：汽車電工電子
作　　者：劉軍、曾有為、陳彬 主編
發 行 人：黃振庭
出 版 者：崧博出版事業有限公司
發 行 者：崧燁文化事業有限公司
E-mail：sonbookservice@gmail.com
粉絲頁　　　　　　　網　址：
地　　址：台北市中正區重慶南路一段六十一號八樓815室
8F.-815, No.61, Sec. 1, Chongqing S. Rd., Zhongzheng Dist., Taipei City 100, Taiwan (R.O.C.)
電　　話：(02)2370-3310　傳　真：(02) 2370-3210
總 經 銷：紅螞蟻圖書有限公司
地　　址：台北市內湖區舊宗路二段121巷19號
電　　話：02-2795-3656　傳真：02-2795-4100　網址：
印　　刷：京峯彩色印刷有限公司（京峰數位）

　　本書版權為西南師範大學出版社所有授權崧博出版事業股份有限公司獨家發行電子書及繁體書繁體字版。若有其他相關權利及授權需求請與本公司聯繫。

定價：350 元

發行日期：2019 年 02 月第一版

◎ 本書以POD印製發行